心理产品学

刘献斌◎著

线装书局

图书在版编目（ＣＩＰ）数据

心理产品学 / 刘献斌著. -- 北京 ：线装书局，
2023.8
ISBN 978-7-5120-5591-9

Ⅰ．①心… Ⅱ．①刘… Ⅲ．①心理学－关系－决策－
研究 Ⅳ．①B84-05

中国国家版本馆CIP数据核字(2023)第149109号

心理产品学
XINLI CHANPINXUE

作　　者：刘献斌
责任编辑：白　晨
出版发行：线装书局
　　　　　地　　址：北京市丰台区方庄日月天地大厦 B 座 17 层（100078）
　　　　　电　　话：010-58077126（发行部）010-58076938（总编室）
　　　　　网　　址：www.zgxzsj.com
经　　销：新华书店
印　　制：三河市腾飞印务有限公司
开　　本：787mm×1092mm　　　　1/16
印　　张：10.5
字　　数：245 千字
印　　次：2024 年 7 月第 1 版第 1 次印刷

定　　价：68.00 元

线装书局官方微信

前　言

当林林总总的心理学派铺天盖地之时，随之而来的疑问也越来越多：

①心理是大脑的机能，这种机能和普通器官机能有何本质不同？

②如果说心理是"刺激—中介—反应"模式的大脑机能，那么这个中介是什么？它有什么作用？

③如果说欲望是行为的动因，那么除了动因之外，心理还为行为提供了什么？人类行为复杂多样性的内在因素是什么？

④如果说心理是信息加工的过程，那么加工后的信息是什么？到哪里去了？它有什么作用？

⑤心理的表达是行为，为什么现代心理学只热衷于"硬件"相关的探索，却漠视"软件"在心理和行为中的作用？

《心理产品学》就是带着这些疑问而来的，它认为：

①人脑的机能分为两大类，一类是基础机能，是"刺激—反应"式的应对能力，另一类是增值机能，是大脑利用内存信息（心理产品）不断充实自身环境，使机能水平循环提升的高级能力。心理是人脑基础机能和增值机能共同运作的过程。

②如果将心理活动视为"刺激—中介—反应"模式，这个中介就是心理产品，它是人类心理活动形成的、储存于大脑神经元内的、相对稳定的心理信息。它们在心理活动中起着增效、强能的作用。

③行为动因、行为目的和行为方法是行为发生的必备要素，心理产品是行为动因、行为目的和行为方法的提供者，人类行为复杂多样性的内因是心理产品状态的复杂多样性。

④心理是信息加工的过程，信息加工有两个结果，一是形成了信息产品，提升了自身能力，二是表达为行为，实现与环境的交流互动。对个体来说，心理产品的形成标志着记忆的积累、知识的增加、能力的提升；对人类来讲，心理产品的形成预示着人类的发展、文明的进步。

⑤《心理产品学》是循着信息轨迹这条线，以心理产品和行为的运动过程为重点进行的探索。

至此，《心理产品学》以心理产品为抓手揭示人类心理和行为本质的企图已向您表白，这是一次满怀疑问的探索！

目　录

第一章　心理产品概述

第一节　心理产品的概念

心理产品是人类心理活动形成的、储存在大脑神经元内的、相对稳定的心理信息，是人的重要组成部分。记忆（名词）、关于某事的计划、主意等都是心理产品。为了叙说方便，本书又给心理产品赋予了另一个名字——"素"，"心理产品"和"素"是同一事物的两个称谓，所以本书又叫《人素论》。

不能把心理机能和心理产品混为一谈，心理机能是大脑所具有的实施心理活动的能力，心理产品是储存在大脑神经元内的库存信息，是大脑提升自身能力的信息资源，是大脑机能的信息和软件支持。

心理产品的概念将它与心理现象、心理过程、心理活动、过程信息以及非心理信息区分开来，我们有必要弄清它们的区别在哪里——

心理现象是人类心理活动过程中呈现的特征性的外在表现，它们只是临时存在的表达特征，不是信息本身，所以它们不是心理产品。例如，遗忘、注意等只是心理现象，不是心理产品。

心理过程是人类心理活动的步骤、程式、变化阶段，是信息运动的轨迹，它们不是心理信息，更不是心理产品。例如，记忆过程、感觉过程、知觉过程等都是心理过程。

心理活动是人类心理的动作，是一种行为，有的心理活动能形成心理产品，但却不是心理产品本身。例如，思考、记忆（动词）、体验等都是心理活动。

心理过程信息是处于流动、转化、变化中的信息，它们居无定所、也极不稳定，所以也不是心理产品。例如，感觉信息、神经传导中的信息、大脑指令信息等都是过程信息。

DNA信息不是大脑心理活动所形成的，所以它也不是心理产品；人体外储存的信息例如光盘上的信息、书本上的知识等，因为不在大脑神经元内，所以也不是心理产品。

第二节　心理产品的三大类别

依据心理产品源头、特点和作用的差异，可将心理产品（素）分为三大类，它们是欲望产品、认知产品和遵从产品。

一、欲望产品

欲望产品是基因遗传信息经心理加工形成的、表达本体需求的心理产品，是人类生物属性的心理标志，是人类行为的先天指引。它在行为中表现为某种趋势和倾向，由于欲望心理产品源于先天遗传、表达本体需求，所以欲望产品又叫本体素。先天遗传信息形成的是欲望产品中的框架结构，后天因素可以将欲望产品充实和具体化，并可改变它的强弱，但无法磨灭它的存在。例如，人生来就有生命欲，也就是求生的欲望，后天因素可以改变它的强弱，甚至压制它的行为表达，但却无法将其消灭，这在现实中表现为"人人都怕死"，但有的人"胆小"，有的人"胆大"，甚至有人会不顾生命安危做某事等等。

二、认知产品

认知产品是环境信息经心理加工形成的、记录解读对环境认知的心理产品，是人类行为的环境指引。认知产品源于环境信息，是心理对环境信息的记录、描述或解读，因此又叫环境素。虽然认知产品的源头不是基因信息，但基因所造就的大脑结构和欲望框架对认知产品的形成具有一定影响，所以人类个体间认知能力存在先天差异。认知产品中主观知觉最清晰的部分是记忆产品和脑内知识。

三、遵从产品

遵从产品是人类社会信息经心理活动形成的、用以规范和约束行为、处理个体间以及个体与群体间关系的心理产品，是人类行为的群体指引。遵从产品主要源于人类的群体因素，体现群体意志，所以遵从产品又叫群体素。遵从产品的本质不是欲望，也不是认知，它是人类群体因素强加于个体的行为遵守和服从，是行为的制约和规范意识。在现实中遵从产品表现为个体的法律意识、纪律观念、道德修养等内容。

总之，心理产品是人类心理活动形成的、储存在大脑神经元内的、相对稳定的心理信息，为了叙说方便，我们把心理产品称为素，素只是心理产品的另一个名称。素包括本体素、群体素和环境素三大类，三者合称为三素，三素是人类心理产品的总称。

心理产品的三大类别

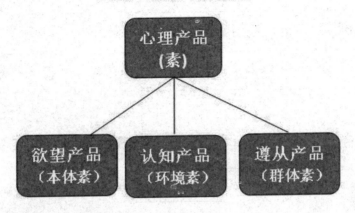

四、心理产品的分类依据

人类心理产品分为三大类，即欲望产品，认知产品和遵从产品，划分它们的依据主要有以下几个方面。

（一）信息源头的差异

心理产品是相关信息经人脑心理机能加工形成的特殊信息，信息源头对信息产品有着重要影响。

欲望产品（本体素）是人类生物属性信息的传承、转换和心理解读，它的源头是人类的基因信息；认知心理产品（环境素）是人脑对环境信息的记录、描述和解读，它的源头是人类生存的环境；遵从产品（群体素）是群体规范、约束信息经心理活动形成的心理产品信息，它的源头是人类社会群体。

（二）承载内容的不同

欲望产品（本体素）记录的是本体需求，是个体需求的信息表达；认知产品（环境素）承载的是环境信息，是环境信息在大脑中的转化和记录；遵从产品（群体素）记录的是群体意志，是群体规范约束信息在大脑中的烙印。

（三）行为指向的不同

心理产品是行为的支配因素，但它们所支配的行为并不相同。本体素支配的行为是围绕本体欲望满足的行为；群体素支配的行为是围绕群体目的达成的行为；环境素支配的行为是围绕环境信息所指的行为。

心理产品的分类依据

心理产品类别	产品源头	表达内容	行为指向
本体素	基因信息	本体需求	本体欲望满足
环境素	环境信息	环境认知	环境信息所指
群体素	群体约束信息	群体意志	群体目的达成

第三节　心理产品的主要内容和结构层次

人类心理产品（素）由本体素、环境素和群体素三部分组成，每部分又包含众多的内容。

一、本体素的主要内容

本体素是心理产品的欲望产品部分，是表达本体需求的心理产品，是基因信息经心理加工的结果，是欲望行为的支配因素。根据欲望围绕、行为指向的差异我们将本体素区分为生存素、繁衍素、存在素和情素四部分。

1、生存素

生存素是围绕个体生存需求的心理产品，它包括生命欲、占有欲、领地欲、控制欲、趋优欲、舒适欲、探索欲、捍卫欲、筹谋欲九小类。

2、繁衍素

繁衍素是围绕个体繁衍需求的心理产品，它包括繁殖欲、护子欲、优子欲三小类。

3、存在素

存在素是围绕个体存在需求的心理产品，它包括自由欲、平等欲、彰显欲、认可欲、求同欲五小类。

4、情素

情素是围绕个体间情感互动需求的心理产品，它包括爱欲、恋欲、悯欲、馈欲、释欲五小类；

每个小类又包含更为具体的欲望内容，它们往往是欲望的事物具体化。

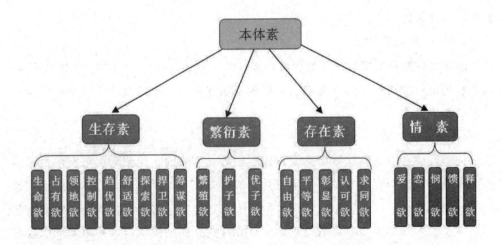

二、群体素的主要内容

群体素是心理产品的遵从产品部分，是处理个体与群体关系、表达群体意志的心理产品，是社会群体因素作用于人类心理的结果，是遵从行为的支配因素。

不是所有的群体相关信息都能经心理机能形成群体素，而是对群成员具有约束、规范作用的群体信息才能经心理机能形成群体素，例如，法律、法规、风俗、习惯等信息能形成群体素，而群体名称、位置、结构等信息无法形成群体素。

根据素源、素内容及行为表达的不同，群体素又可分为血缘群体素、区域群体素、职业群体素和认知群体素四类。

1、血缘群体素

血缘群体素是血缘类群体相关信息经人类心理活动形成的、约束和规范群成员行为的心理产品。例如，家族意识、家庭观念等都是血缘群体素。血缘群体素是血缘类遵从行为的心理支配因素。

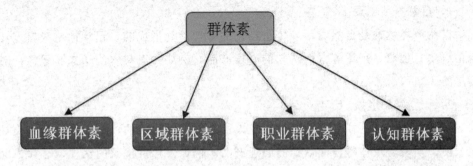

2、职业群体素

职业群体素是职业群体相关信息经人的心理活动形成的、约束和规范群成员行为的心理产品。例如，军人的军纪观念，学生的校规意识，职工的职业遵从等都是职业群体素。

3、区域群体素

区域群体素是区域群体（如国家、地区等）相关信息经人的心理活动形成的、约束和规范群成员行为的心理产品。例如，法律意识、道德观念、爱国情怀等都是区域群体素。

4、认知群体素

认知群体素是认知群体相关信息经心理活动形成的、规范和约束群成员行为的心理产品。认知群体大多有明确、系统的认知核心，所以认知群体素的认可性遵从一般比较强。例如，党派、宗教等属于认知群体，它们通常都有系统完整的理论体系作为认知核心，群成员对认知核心都具有高度的认可，并由此形成较高的认可性遵从。

三、环境素的主要内容

环境素是心理产品的认知产品部分，是环境相关信息经人的心理活动形成的、记录解读对环境认知的心理产品，是认知类行为的支配因素。根据环境素素源、解读对象和表达行为的不同，将环境素分为自然类环境素、社会类环境素、人文类环境素和相关类环境素四类。

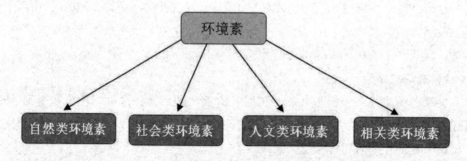

1、自然类环境素

自然类环境素是自然类环境信息经人的心理活动形成的、记录描述对自然环境中事物、现象、规律等方面认知的心理产品。例如，对树木的认知和记忆，对行星的认知和记忆等。

2、社会类环境素

社会类环境素是社会类环境信息经人的心理活动形成的、记录解读对人类社会表征、现象、规律等方面认知的心理产品。例如，经济现象的认知，法律方面的认知等。

3、人文类环境素

人文类环境素是人文类环境信息经人的心理活动形成的、记录解读人文类现象、成就等方面认知的心理产品。例如，对文学作品的认知、记忆，对某段历史的认知等。

4、相关类环境素

相关类环境素是个体或群体围绕某一主题，在综合、整理相关认知的基础上经心理活动形成的新认知。这个主题可以是事物、事件或行为。例如，我们对某人的评价就是相关类环境素，是我们围绕该个体，将与之相关的信息综合加工而形成的新认知。

四、心理产品的结构层次

依据三素内容的包含关系和素本质的差异我们勾勒了人类素的结构轮廓，简称素结构。素结构是人为划定的心理产品的构架轮廓，它可用表格展示，即素结构表。常用的素结构表有素份结构表和素本质结构表。

（一）素份结构表

素份结构表又叫心理产品内容结构表，是依据素份间的包含关系和素源差异勾勒的素结构表格，从素份结构表可以看出，素份结构表的纵深分为四个层次，分别是一级素、二级素、三级素和四级素，素级越高素份内容越概括，素级越低素份内容越具体；素份结构表的横宽分为三大部分，我们称其为族，分别是本体素族、群体素族和环境素族，同族素的信息本质和素源类别相同，不同族素的信息本质和素源类别不同。

素 份 结 构 表

素整体																								
一级素	**本体素**（素源：本体基因）																	**群体素**（素源：群体）			**环境素**（素源：环境）			
二级素	**生存素**							**繁衍素**		**存在素**		**情素**				血缘群体素	职业群体素	区域群体素	认知群体素	自然类环境素	社会类环境素	人文类环境素	相关类环境素
三级素	生命欲	占有欲	领地欲	控制欲	趋优欲	舒适欲	探索欲	捍卫欲	筹谋欲	繁殖欲	护子欲	优子欲	自由欲	平等欲	求同欲	彰显欲	认可欲	爱欲	恋欲	悯欲	愤欲	释欲	家庭家族遵从等	企业学校遵从等	国家遵从等	宗教学派遵从等	天文物理认知等	经济法律认知等	文学历史认知等	事物行为事件相关认知
四级素	健康安全等	...	...	...	...	...	...	...	...	...	...	...	...	...	...	...	...	...	...	...	...	...	...	...	...	...	...	...	...	...

一级素有三个，分别是本体素、群体素和环境素，三者合称三素，一级素的特点是概括性强，行为指向相对笼统。它们各自包含数量不等的二级素。

二级素有十二类，其中本体素的二级素包含生存素、繁衍素、存在素和情素四类；群体素的二级素包含血缘群体素、职业群体素、区域群体素和认知群体素四类；环境素的二级素包含自然类环境素、社会类环境素、人文类环境素和相关类环境素四类。二级素又包含更具体的三级素。

三级素内容众多，我们常常把三级以下的素用其信息本质的形式称谓，表示其具体性，其中本体素→生存素的三级素包含生命欲、占有欲、领地欲、控制欲、趋优欲、舒适欲、探索欲、捍卫欲、筹谋欲九个；本体素→繁衍素的三级素包含繁殖欲、护子欲、优子欲三个；本体素→存在素的三级素包含自由欲、平等欲、求同欲、彰显欲、认可欲五个；本体素→情素的三级素包含恋欲、爱欲、悯欲、馈欲、释欲五个。群体素、环境素的三级素内容复杂，将在以后相关章节详细讲解。三级素包含众多指向更具体的四级素。

四级素内容繁多，可视为素的末节，称为素条，素条内容具体，指向明确，往往是素的事物具体化，例如某人对金钱的占有欲，一个人对另一个人的爱欲等等。一些四级素还包含更深入更具体的内容，但已经没有再细分等级的必要，我们统称其为四级素条，这里不做细讲。

具有包含和被包含关系的素之间是母子关系，上级素是下级素的母素，下级素是上级素的子素，例如：生存素、繁衍素、存在素、情素都是本体素的子素，本体素是它们的母素。

从一级素到四级素，内容逐步具体，指向逐步明确。

了解素份结构对理清素的脉络、把握素的整体情况具有重要意义。

（二）素本质结构表

素本质结构表又叫心理产品本质结构表，是依据心理产品的本质差异勾勒的素结构表。

从素本质结构表可以看出，人类素的本质是心理信息。本体素的本质是欲望信息，欲望信息又可分为物质欲望和精神欲望，物质欲望是指向是物质类事物的欲望，精神欲望是指向是精神类事物的欲望，物质欲望和精神欲望分别表达于一定的素份，例如，生命欲的衣食住行等欲望都属于物质欲望，存在素的自由欲、平等欲、认可欲等是精神欲望，二者之间有时可以转化。

群体素的本质是遵从信息，遵从信息也可分为三类，一是指令性遵从，二是认可性遵从，三是融入性遵从。指令性遵从是显性群规则信息经心理加工形成的心理产品，是规则认知和奖惩措施共同作用的结果，例如，法律意识，纪律观念等；认可性遵从是群认知信息经心理加工形成的心理产品，是个体对群体认知认可、求同捍卫的结果，例如，爱国意识，忠诚观念；融入性遵从是隐性群规则以及人类心理活动规律信息经心理加工形成的心理产品，是隐性群规则、心理活动规律和融入群体需求共同作用的结果，例如，道德观念，伦理意识，风俗遵从等。

心 理 产 品 本 质 结 构 表

心理产品 （心理信息）	本体素 （欲望信息）	物质欲望
		精神欲望
	群体素 （遵从信息）	指令性遵从
		认可性遵从
		融入性遵从
	环境素 （认知信息）	记录性认知
		解读性认知
		体验认知

环境素的本质是认知产品，认知产品可分为三类，一是记录性认知，是记录描述环境信息的心理产品，是对环境信息的客观记录和储存，它包括情景记忆信息的大多数，也包括程序性记忆信息，例如，树木的形状、颜色，动物的形态、习性，自然现象，人类行为，工作流程，各类技能等；二是解读性认知，是人类对环境主观解读、归纳、综合所形成的心理产品，例如，数学认知，事物归类，理论推测等；三是体验认知，是大脑对自身心理活动体验信息加工储存形成的心理产品，例如，情感认知、情绪认知等。

熟悉素的本质结构对了解素的本质特征、探讨素的形成具有重要意义。

第四节　心理产品的属性

心理产品属于生物信息，它既有信息的基本特征，又受生物特性的制约，因此心理产品具有自己独特的属性，心理产品的属性主要包括以下五个方面。

一、心理产品（素）的状态属性

心理产品有三种存在状态，分别是待激态、激发态和隐抑态。

1、待激态是心理产品（素）在未受到刺激因素作用时，素力处于基值，素的强度、方向和内容都相对稳定的存在状态。

素处于待激态时通常没有行为表达。但大脑可对这种状态产生无聊、烦闷、空虚等情绪体验，这种体验属于亚素情绪行为。

2、激发态是指心理产品受到特定因素作用时，素力脱离基础素值，素的强度、方向或内容处于不稳定的存在状态。

激发态的素力值是激发值，激发值往往是变化的，但也可能是处于非基值的临时悬滞状态，悬滞状态时也可促发亚素情绪行为，如焦虑、紧张等。

心理产品由待激态转变为激发态的过程叫素的激发。激发通常是相干因素刺激的结果。

3、隐抑态是心理产品（素）的素值低至接近零值、一般刺激因素无法使其激发，好像隐藏起来的存在状态。隐抑态是心理产品的非常见状态。

4、本体素的本能态与逆本态

本体素除了激发态、待激态、隐抑态三种素力状态之外，还有本能态与逆本态两种素向状态。

本体素的本能态是指本体素的素向与生物本能属性相一致的素向状态。例如，生存素的生存维持和优化，繁衍素的个体延续、优化和增量，存在素的存在表达和存在扩展，情素的感情联络与沟通，这些都是与生物本能属性相一致的素向状态，也是本体素的日常素向状态。

本体素的逆本态是指本体素的素向与生物属性指向不一致的素向状态。例如，逆本态时生存素逆转为非利我生存，繁衍素逆转为非个体延续和增量，存在素逆转为个体存在的收缩或隐藏，情素的素向逆转为情感的封闭或孤立等等。群体素和环境素没有本能态与逆本态，因为它们都是后天形成的心理产品，不存在先天素向。本体素的逆本态又分为暂时逆本态和持久逆本态，详细情况将在《本体素族》相关章节讲述。

素态分布图

素态 素	待激态	激发态	隐抑态	逆本态
本体素	●	●	●	●
群体素	●	●	●	○
环境素	●	●	●	○

注：●表示该素存在此状态，○表示该素不存在此状态。

总之，待激态和激发态是心理产品（素）常见的存在状态，它们在所有素中都可见到。通常情况下，无相干因素作用时素处于待激态，相干因素作用时素就转变为激发态，相干因素去除后，素通常又会回到待激状态。

隐抑状态在三素中都可见到，但它是少见的特殊状态，通常只有在本体素逆本态、长期慢损、环境素低强度录存、脑神经机能异常等情况时才会有素份呈现隐抑状态。

逆本态是本体素才有的特殊素向状态。

二、心理产品（素）的强度属性——素力

1、素力与素力值

心理产品（素）都有一定的强度，这个强度来自于载体信息的强度和装载信息的清晰度，我们把心理产品的强度叫素力，素力在行为中表现为对行为的影响力。

素力强弱的量值叫素力值简称素值，素值通常用弧度值表示，单个心理产品的素力值在0～360弧度值之间。素力值通常不会为0，为0时表示这个心理产品已消失。由于三素的本质不同，所以它们的素值之间通常不能以数学方法进行计算，也就是说我们不能将欲望素值、遵从素值、认知素值进行混和计算。同族素内，也只有在进行素势核定、素力累计时不同素份间的素力值才可以进行数学计算。正常成人的素值可用量表或行为来测定。素力的强弱影响行为的启控，素力越强该素份促发行为的可能性就越大。上级素份的素力值不是其子素素力值的简单相加，而是某阶段醒素份基础素值的平均值。不加说明的情况下，我们讲的素力往往指的是素力值。

2、基础素力

心理产品在待激状态时的素力叫基础素力，基础素力是大多数心理产品的日常强度。基础素力的素值叫基础素值简称基值。基础素值在同一个体不同素份可能是不同的，在不同个体相同素份也可能是不同的。

基础素值相对稳定，所以通常讲的某素份素力指的就是其基础素值，但基值也不是一成不变，它一方面存在着在固定值附近轻微波动的基值骚动现象，另一方面，也会因特殊相干因素的刺激而升高或降低，也会因慢损现象的影响而缓慢降低，只不过基值的改变相对于激发值通常更难、更缓慢。

素力值概念图（激发态）

3、激发素力

心理产品在激发态的素力是激发素力，此时的素力值是激发素值。激发素值

通常是动态素值，也就是说它通常是变化和不稳定的，它会因相干因素的刺激或行为的促发而波动。

4、素力阈值

素力阈值是心理产品能够进入心理过程、或发起行为时的最低素力值，简称阈值。例如，记忆阈值，知觉阈值，行为阈值等。

行为阈值是某素份能发起行为时的最低素力值，不过，同一个体不同素份的阈值可能一样也可能不一样，不同个体相同素份的阈值可能一样也可能不一样，因此相同的外部刺激，有的个体促发了行为，有的个体却不能促发行为，当然同样的外部因素在不同的个体可能促发相同的行为。例如，讲述一个幽默故事，有的人听后哈哈大笑，另一些人听后无动于衷，说明他们释欲笑行为的阈值或基础素值是不一样的。阈值通常是相对稳定的，但它也会发生变化，最常见的变化形式是挟阈现象。

某素份不同行为阈值示意图

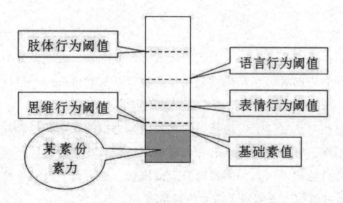

同一个体同一素份中，不同的行为类型，其行为阈值是不一样的，我们把同一素份不同行为类型阈值高低的顺序叫阈序。例如，某个体的捍卫欲中，思维行为阈值、语言行为阈值、肢体行为阈值都是不一样的，一般来说，思维行为的阈值最低，语言行为阈值较低，而肢体行为的阈值最高，也就是说通常情况下，同一素份的阈序是：思维行为＜语言行为＜肢体行为，当然也有例外，甚至存在"缺少"某一类型行为阈值的情况。这也是"有的人只说不做，有的人只做不说"的心理基础之一。当然，也有些素份缺少某些行为阈值，例如，不少环境素（如对某人的记忆等）都不存在行为阈值，它们通常只能发起思绪行为而不能发起其它类别的行为。

5、行为素值

行为素值是行为过程中，支配素行为阈值与行为时间的乘积。行为素值表达的是行为中主导素（或独控素）的表达力度，它对探讨人类行为取向有重要意义。行为素值越高表明该素份对行为的影响力越大，行为素值越低表明行为中该素份的影响作用越小。

行为素值的公式表示：行为素值＝行为阈值×行为时间

6、跨阈现象与高阈压制

跨阈现象是指某素份素力快速升高过程中，低阈值被直接跨过而不发起行为的现象。例如，某人被欺负后二话不说直接动手打了对方。

高阈压制是指某素份高阈值行为的促发使低阈值行为幅度减弱或停止的现象。通常情况下，某素份素力升高达阈会促发某一行为，如果刺激因素持续增强则会导致素力持续升高，又会促发更高阈值的行为，高阈值行为的促发会给低阈值行为造成直接影响，高阈压制是对同素份不同阈值行为相互影响现象的描述。例如，某个体和别人争吵，后来打了起来，争吵行为却停止了，再例如，某人对某事苦思冥想没有结果，后来直接去实地考察了，此时思索行为也减弱或停止了。现实中人们经常利用这一现象进行行为干预，例如，甲对乙爱慕相思，痛苦异常，后来听从别人劝告直接去表白，这种相思行为才得以停止。

7、挟阈现象

挟阈现象是指某素份受到相干因素刺激，素力快速变化时，引起其它素份阈值变化的现象。

挟阈现象包括降阈现象和升阈现象，降阈现象是指某素份素力快速升高或降低时，引起其它素份阈值降低，致使其他行为容易促发的现象，例如，今天涨工资，大家的占有欲素力显著升高，引起了兴奋情绪和降阈现象，此时大家的工作热情更高了、服从行为更容易了。升阈现象是指某素份素力快速变化时，引起其它无明确相干关系素份阈值升高，其它行为更难促发的现象。例如，某个体受到批评后认可欲素力快速变化，促发低落情绪行为和升阈现象，这时他对很多事情都没兴趣，很多工作都不愿干。再例如，某个体身体疾病，引起生命欲、舒适欲素力快速变化，促发升阈现象，导致许多事情都不愿干。挟阈现象中，有时某一素份素力的显著变化会引起某些素份出现降阈现象，而另一部分素份出现升阈现象。例如，某人中了大奖，非常激动，又是捐款、又是请客，而后喝酒开车被拘留，这一事例中，中大奖使他的占有欲、彰显欲素力快速变化，此时悯欲、彰显欲等出现降阈现象，而群体素法律遵从却出现了升阈现象，导致了"乐极生悲"的行为。挟阈现象常常被用来进行行为干预，是行为干预的常用方法之一。例如，我们平时讲的"激将法"，就是利用挟阈现象来进行行为干预的，激将法通常是用辱骂、挑衅的方法刺激干预对象的捍卫欲，使其捍卫欲升高，从而使其它素份的阈值降低，达到行为干预的目的。例如，公元前203年，刘邦攻打成皋，成皋守将曹咎根据项羽指令坚守不战，无奈之下刘邦派出能说会道的士兵天天在城下辱骂曹咎，几天之后曹咎忍无可忍，违背项羽指令开城出战，结果大败后自杀。挟阈现象是人类的心理特性之一，但它仍可通过素间作用加以克服，也正是这样才有了"韩信能受跨下之辱"，"勾践能够卧薪尝胆"等经典故事。

一般来说，挟阈现象发生时，本体素素份容易出现降阈现象，相关行为容易促发，而群体素、环境素素份容易出现升阈现象，相关行为更难促发。

【延伸】爱情之晕

人们注意到，热恋时的男女往往会做出许多"出人意料"的事，这一现象谱写了无数感人肺腑的爱情故事，成就了无数爱情传奇，当然也导致了众多的人生悲剧。从《心理产品学》的观点看，这一现象的心理基础主要是"挟阈现象"，当两人进入热恋之时，爱欲、恋欲的素力就会异常升高，从而导致本体素众多素份出现降阈现象，而群体素、环境素的众多素份出现升阈现象，于是，以往的"遵从"行为、认知引导行为往往被忽略或隐藏，而某些本体素欲望行为则变得易发和执着，其结果是：认知改变、评判失真、行为偏离，我们称这种因爱情引发挟阈现象、促发"离经违常"行为的现象为爱情之晕。

8、欲商

我们把本体素某素份基础素值与行为阈值之间的差值称欲商。欲商值越高本体素欲望越难促发行为，欲商值越低本体素欲望越容易促发行为。欲商的现实词义是欲望化为行为的能力。人们平时讲的"自制力"，"慎独"都有欲商的成分，欲商与先天因素有关也与后天因素有关。

欲商概念图

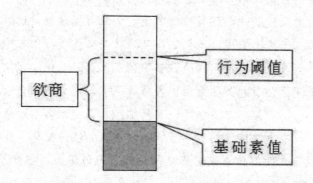

行为能否被促发，从内因看取决于三个方面：一是相应素份的激发增值，也就是行为诱发因素能使相应素力升高多少；二是相关素份的基础素值，也就是素力未激发时的基础值；三是相关素份的行为阈值，也就是行为发起的最低素值。

三、心理产品（素）的方向属性——素向

心理产品的本质是心理信息，它是有方向的，心理产品的方向叫素向。心理产品的素向是其内容所指向的方向，例如，本体素的指向是个体欲望满足方向，所有能促进欲望满足的指向都是同向，所有会阻碍欲望满足的指向均为异向；认知的方向是某事物信息的肯定方向，所有与认知描述相同的方向均为同向，所有与认知信息不同的方向均为异向。

素向与素份级别有一定关系，一般来说，素级越高，素份越概括，素向越笼统，素级越低，素份越具体，素向越明确。例如本体素的素向是本体欲望的满足，生存素的素向是本体生存欲望的满足。

四、心理产品（素）的内容属性——素份

素份是指素的内容，它标明素的包含和范围。每个素都有素份，否则它就不存在了。

从素份结构表可以看出，每一级素都有自己的素份，对某素来讲，其衍生出的下一级素份是其子素，该素是其子素的母素。子素和素份不是相同的概念，子素只指向某素的下一级素份，素份则不然，例如本体素的子素有四个，分别是生存素、繁衍素、存在素和情素，但它的素份则包括其下的各级素，包括它下面的全部。

（一）素宽与素深

素宽是衡量素份多少的概念，对于某素份来说其包含的内容越多，它的素宽就越大，子素越多素宽也越大。对于某个体来说，其形成的素内容越多其素宽值越大。

素宽的增减主要在素的三、四级素份间进行，因为一、二级素的框架基本是固定的，即便是变化也是长期缓慢的，三、四级素则不同，它们的变化更容易、更具扩展性，例如，本体素四级欲望的具体化、群体素群规则的增加、环境素认知的拓展都能使相应的素宽增大。

素深是表示某素份深入的程度，素深越大表示该素份越深入、越精细。对于个体来说，素深越大表明某方面的素越精细、越专业。

素份级别越高，其内涵越小，外延越大，指向越概括，素份级别越低其内涵越大，外延越小，指向越具体。一级素份最概括，四级素份更具体。例如，对于本体素来讲，一级素是本体素，其含义是"个体的欲望"，其外延包括个体所有的欲望，二级素包括生存素、繁衍素、存在素、情素，其中生存素的含义是"个体

生存相关的欲望",其外延包括个体生存所涉及的各种欲望。实际上,不少四级素还可以进行深入细分,这是造成不同素份素深不同的重要原因之一,但我们仍将四级及其以下素份统称为四级素条。

(二)抑隐素份与新生素份

1、隐抑素份

隐抑素份是指处于隐抑状态的素份。其来源主要有三种情况,一是某些尚未得到生理表达的本体素素份,例如幼儿的性欲;二是某些原因导致某些非隐抑素份素力不断降低,当素力接近于零时这些素份便成为抑隐素份;三是群体素或环境素的某些素份在形成时素力本身就非常低弱接近于零值。

隐抑素份素力低弱接近零值,一般刺激无法将其激发,也无法达阈促发行为。环境素中的隐抑素份无法被复读,但不能被复读的素份不一定都是隐抑素份,有些无法复读的素份只是素力低于了复读阈值,并未接近零值。

隐抑素份虽然隐密但却是存在的,在特殊情况下它可以被强化成正常素份。

2、新生素份

新生素份是指刚刚形成的素份。新生素份在本体素主要是四级素条,例如,刚刚形成的某种爱好,刚刚产生的某方面探索欲望等;新生素份在群体素主要是刚形成的某些遵从,例如,对刚出台规定的遵从,对新领导的认可性遵从等;新生素份在环境素主要是刚形成的某些认知,例如,刚认识的某个人,刚学会的某项技能等。

新生素份除了具有心理产品的基本属性外,还具有区别于非新生素份的独特特性,这是由于心理产品的载体是特定的生物体结构,这些结构在刚形成时往往还处于不稳定、不牢固的状态,由此导致大多数新生素份在某些方面具有类似的特性。这些特性主要包括:易激性较高,基值骚动较强,慢损较迅速三个方面。这些特性往往导致三方面后果,一是新生素份容易被相干因素激发,例如,刚学会开车的人见到车辆就想去开;二是新生素份容易促发思维行为,例如,刚发生的事很容易进入梦境;三是新生素份的基值尚不稳定。

五、心理产品的运动属性

心理产品是特殊的生物信息,它是运动的,它的运动表现在以下几个方面:

一是心理产品的状态、素力、素向、内容等方面都存在变化倾向,它们会随着生命过程的变化而变化,会随着环境的变化而变化,会随着行为的发起而变化。

二是心理产品之间存在着相互影响的运动性,也就是说某一个心理产品的变化会引起其它相干信息的变化,这种变化常常是广泛的、复杂的,却又是有规律可循的。

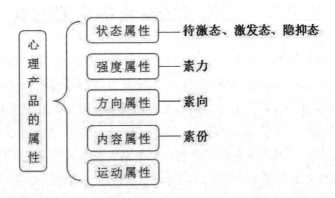

三是除去外在因素，心理产品自身也在不断变化，这是生物特性的重要体现，它主要表现为素力慢损、基值骚动等现象。

心理产品的运动属性是它生物特性的重要体现，心理产品都是载存信息，它的载体是相应的生物体结构，这些结构都存在相应的新陈代谢，都与机体环境和周边器官有关千丝万缕的联系，这就导致心理产品不像其它信息一样被动和沉默，它始终敏感地和环境保持着联系，始终在运动中表达着自身的倾向。

六、心理产品的易激性

心理产品的易激性是指心理产品受到相干因素刺激后，自身发生改变的速度和程度。易激性越强，受到同等刺激后发生改变的速度和程度就越明显，易激性越弱，受到同等刺激后发生改变的速度和程度就越微弱。

不同个体、不同素份受到相同刺激后它们发生改变的程度、速度等特性往往是不同的，也就是说，不同个体、不同素份易激性往往是不同的，同一个体不同时间或生理阶段其易激性也会发生改变。

影响心理产品易激性的因素既有先天因素（也叫物质结构因素），又有后天因素。先天因素主要是大脑神经元或感官方面的因素。例如，有的人看到某些事轻易就能记住，而有的人却记不住；同样的声音有的人听到了有的人却听不到。后天因素主要是心理产品素谱状态因素，同样的刺激因素进入大脑，如果脑内有许多正扶助信息，那么相关素份的改变会大一些，如果脑内没有正性扶助信息或者有许多负性阻滞信息，那么相关素份引起的改变就会小一些，甚至不发生改变，例如，看到一条蛇，有的人跑了，有的人没有反应。

另外，易激性也受其他机能影响因素的影响，如化学能量因素（激素水平等）、物理环境因素等，这些因素多属后天因素，它们在正常人、普通环境中差异不大，是脑神经科学、医学讨论的重点。

第五节　引起素力变化的主要因素

素力是心理产品信息强度、行为影响力的统称，是心理产品的重要属性之一，它不是一成不变的，而是经常变化的，素力变化是素运动的重要形式之一，也是行为产生的动因所在，导致素力变化的因素包括素外因素、素间因素和素内因素三个方面。

素外因素和素间因素是复杂多样的，对于某素份来说并不是所有的素外因素和素间因素都能导致其素力的变化，只有与该素份内容相同、相近、相反、相悖、关联等有关的因素才能引起其素力的变化。我们把素份间或素与素外因素间存在的内容相同、相近、相反、相悖、关联等存在状态叫素份的相干关系，与某素份存在相干关系、且能引起该素素力变化的因素统称为该素的相干因素，把来自素外的相干因素称为素外相干因素。把来自素间的相干因素称为素间相干因素。

素内因素是源于素的生物特性而引起素力变化的因素。对于素内因素来讲，只要条件符合，就能引起素力的变化，它对所有的素都起作用，所以素内因素属于条件因素。例如，素力慢损是导致素力变化的素内因素，只要条件符合所有的素都存在慢损现象。

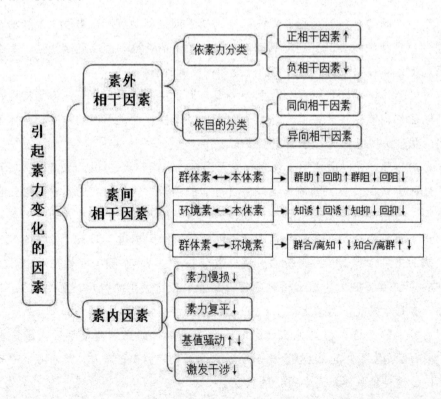

可见，引起素力变化的主要因素有三个方面，分别是素外相干因素、素间相干因素和素内因素。就素外或素间相干因素而言，它们的出现或激发往往会引起多个素份素力同时发生变化，而很少只影响某一个素份素力发生变化，只不过有的变化大有的变化小；但对于素内因素而言，它们是条件因素，无论哪个素份只要条件符合它们的素力都会发生变化。

一、素外相干因素

对于某素份来讲，素外相干因素能引起它的素力变化，不相干因素通常不会引起素力的变化。例如，对于探索欲来讲，"未知环境"、"未知事物"、"不符合认知的事物"都是其素外相干因素，可使其素力发生改变，而熟悉的事物、熟悉的人不是其素外相干因素，通常不会使其素力发生改变。

根据素外相干因素对素力影响的效果，以及素外相干因素方向与素向的差异，我们将素外相干因素进行如下分类：

（一）正相干因素与负相干因素

根据素外相干因素对素力影响的效果，我们把能使某素份素力增强的素外相干因素叫正相干因素。能使某素份素力减弱的素外相干因素叫负相干因素。

素外相干因素图解

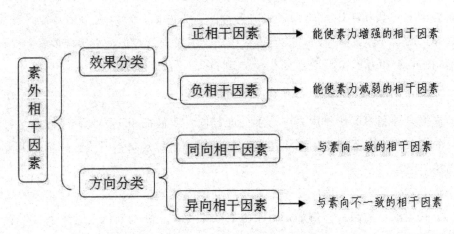

正、负相干因素是依据引起素力增强或减弱的结果来定义的，与对个体的利害无关，与促发行为的评判也无关。例如，对生命欲安全欲来说，自然灾害是正相干因素，因为它能提升人们的生命欲安全欲素力，长期的安全环境反而是负相干因素，它会使人们的安全欲素力减弱；兵法中讲的"置于死地而后生"就是想用"置于死地"这个正相干因素来提升生命欲、捍卫欲素力，以促发英勇作战的行为。

正相干因素与负相干因素是相对的，其相对性表现在两个方面，一是同一因素对不同的个体可能有不同的结果，这主要是由于个体间所拥有的环境素差异造成的。例如，臭豆腐对某些人的食欲是正相干因素，而对另外的人可能是负相干因素。再例如，失败对有的人可能是负相干因素，能导致其素力减弱，行为终止，而对有的人可能是正相干因素，导致素力增强，愈挫愈勇。二是同一个体同一因素也会因为量或时间的不同而不同，例如，面包对某个体来说是正相干因素，能使食欲增强，但过多的面包，或长期食用面包可能就成了负相干作用，反而引起食欲下降。再例如，某个体受到非法侵害，他的捍卫欲素力会上升并可促发捍卫行为，但侵害程度加大时他的捍卫欲却会下降，促发停止捍卫行为，这其中的"侵害"开始是正相干作用，后来成为负相干作用。素外相干因素同样能影响环境素的素力，例如，"宇航员从太空拍到了地球的全貌照片"这一因素，对相信"地球是球形"的个体来说，这是个正相干因素，但对于"不相信地球是球形"的个体来说则是个负相干因素。素外相干因素影响群体素力的情况也是经常发生的，例如看到某罪犯受到惩罚，对大多数人的群体素（法律遵从）来说是正相干因素，会导致大多数人的（法律遵从）群体素力增强，促发守法行为，相反如果罪犯没有受到惩罚，则对大多数人来说是负相干因素，会使与之有关的群体素力降低，导致守法行为促发困难。

正相干因素可引起相关素份的素力增强，所以它常常是行为发起、行为继续的素外因素。负相干因素能引起相关素份的素力降低，所以它常常是行为终止、行为修正的素外因素。当然，某一因素往往会激发多个素份，引起众多素力变化，它们之间也会相互影响，这方面内容我们将在后面的章节讲解。

（二）同向相干因素与异向相干因素

依据素外相干因素作用方向与素向的异同，我们把相干因素作用方向与素向一致的素外相干因素叫同向相干因素。把作用方向与素向不同的素外相干因素叫异向相干因素。

对于本体素来讲，同向相干因素是有利于欲望满足的因素，异向相干因素是不利于欲望满足的因素。例如，对于占有欲来说，金钱是其同向相干因素，管理金钱的工作岗位也是其同向相干因素，物质贫乏的环境是其异向相干因素；对于探索欲来说已知事物、问题答案、符合认知的解释都是其同向相干因素，而未知事物、不符合常规认知的事物现象都是异向相干因素。也就是说同向相干因素从外因上使欲望满足变得容易，异向相干因素从外因上使欲望满足变得困难。

对于群体素来讲，同向相干因素是指向群体素目的的因素，异向相干因素是与群体素目的不同的相干因素。例如，对于交通法规遵从来说，交通警察、红绿灯、遵守交通规则的车辆等都是同向相干因素，而违规行驶的车辆、不能正常工作的红绿灯、急于赶路的心情都是异向相干因素。也就是说同向相干因素容易促成群体素目的的达成，而异向相干因素不容易促成群体素目的的达成。

对于环境素来讲，同向相干因素是与相关认知指向一致的因素，异向相干因素是与认知指向不一致的因素。例如，对于"鸟是会飞的动物"来说，鸵鸟是异向相干因素，燕子是同向相干因素；支持的意见是同向相干因素，反对的意见是异向相干因素；对于唯物主义认知，医学知识是同向相干因素，鬼神故事是异向相干因素。

与正相干因素和负相干因素不同，同向相干因素与异向相干因素对素力的影响结果常常是不确定的。

（三）素外相干因素对素的作用

从素力的角度看，正相干因素对素力有增强作用，负相干因素对素力有降低作用。同向相干因素与异向相干因素对素力的作用效果不确定。

从素向的角度看，同向相干因素与素目的方向一致，在外因上有助于素目的的达成；异向相干因素与素目的方向不一致，在外因不利于素目的的实现。

基于上述原因，素外因素对素的作用效果出现以下四种情况：

1、助推作用和反推作用

我们把同向相干因素导致素力增强的作用叫助推作用，助推作用的实质是同向正相干作用；例如，金钱使某人占有欲素力增强，就是助推作用。异向相干作用导致素力增强的作用是反推作用，反推作用的实质是异向正相干作用；例如，讽刺、挖苦使某人捍卫欲素力增强，就是反推作用。

可见，助推作用和反推作用都具有素力增强作用，它们是正相干因素的两种情况。

2、捧杀作用和压杀作用

我们把同向相干因素导致素力减弱的作用叫捧杀作用，捧杀的实质是同向负相干作用；异向相干因素导致素力减弱的作用叫压杀作用，压杀的实质是异向负相干作用。

可见，捧杀作用和压杀作用都能使相干素份素力减弱，它们是负相干因素的两种方向。

例如，针对生命欲，保证安全的因素是同向相干因素，但却会使生命欲素力减弱，这种方向相同却使素力减弱的作用就是捧杀作用；危险情况是异向相干因素却能使生命欲素力增强，这种方向相异却能使素力增强的作用就是反推作用。所以同向相干因素不一定都能使素力增强，也不一定都能促发行为，异向相干因素不一定都会使素力减弱，也不一定会阻碍行为的发起。但同向相干因素会使素目的的实现从外因上变得容易，并能使行为主体产生积极情绪行为；异向相干因素会使素目的的实现从外因上变得困难，并能使行为主体产生消极情绪行为。

素外相干作用图解

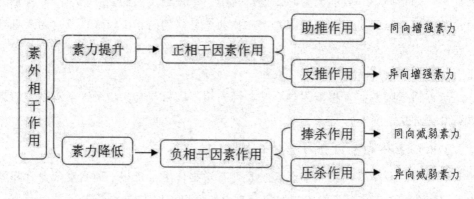

成语"居安思危"、"生于忧患，死于安乐"就包含这方面的道理，人们长期处于安逸的环境中，其安全欲、趋优欲、探索欲、捍卫欲等素力就会降低，从而导致相关行为促发困难危机生存或发展。俗语说"穷人的孩子早当家"，也包含类似道理，意思是说处于困难环境中的孩子能较早地担当起家庭的重任，这句话里，贫穷困难的环境对于"孩子当家"来说是异向相干因素，从外因上增加了困难，但却是正相干因素，能从内因上激发孩子探索学习、趋优、占有等多方面的素力，为其"当家"行为的奠定心理基础。

素外相干因素是素力变化乃至行为发起的外因，其内容包括事物、事件、行为、环境及躯体相干因素，成语"身残志坚"就是躯体异向相干因素提升生命欲、探索欲等素力并促发了坚强奋发的行为，是反推作用的体现。

【延伸】现实中的两种"捧杀"手段

仔细观察你会发现，生活中有两种捧杀现象的存在，一种是"麻痹捧杀"，就是利用捧杀作用原理，用同向相干因素降低对手的行为主导素力，使其行为无法有效发起的行为干预手段，其实质是"麻痹、迷惑对手，使其抵抗行为消失或减弱，以促成己方行为的成功"。例如，《三国演义》中"吕蒙智取荆州"就是以"装病、示好、示弱"的方法来麻痹、迷惑关羽，致使荆州防范减弱，城池丢失。

另一种是"助长捧杀"，是用同向相干因素不断提升对手的行为主导素力，使其出现飙素现象和激情行为，让其行为失去约束和认知引导，进而导致行为失败的行为干预手段，其实质是"让对手在张狂中行为失败"。可见助长捧杀利用的是助推作用，而不是心理捧杀作用，但其依然达到了灭亡对手的目的。例如，《风俗通》所载的"捧杀"典故："长吏马肥，观者快之，乘者喜其言，驰驱不已，至于死",就是这种手段的应用;再例如,俗话说的"要想灭亡,必先张狂"也是这个道理。

从《心理产品学》的观点看,这两种"捧杀"手段一种使用了捧杀作用,另一种使用了助推作用,当然,它们都通过同向相干作用使对手行为失败,从这点上讲都算是"捧杀"吧。

(三)欲望满足

欲望满足是本体素某素份在同向相干因素作用下素目的达成时的心理状态。欲望满足时,相关素份在同向负相干因素作用下素力快速复平,素向相对弱化,大脑产生满足体验和积极情绪行为。

导致欲望满足的同向负相干因素可以是行为因素也可以是非行为因素,其心理过程通常是:相干因素的出现首先导致相干素份的素力增强,而后又导致素力的快速下降复平。例如,买到了称心如意的衣服、考试取得了好成绩时都可以出现欲望满足;单位涨工资了也可以出现欲望满足。

欲望满足状态通常是暂时的,不满足状态却是长存的。欲望不满足的长存状态主要表现在两个方面,一是欲望满足时相关素份素力快速复平,此时素力位于基值、素向依然存在,只要有新的相干因素出现,素力又会被激发,不满足就会再次出现;二是当某素份出现欲望满足时,其它素份往往会因此而激发,新的欲望会不期而遇。

可见,欲望满足有三个要点:一是欲望满足是一种心理状态,是某素份在同向相干因素作用下素目的达成、素力快速复平时的素谱状态;二是欲望满足时大脑会产生良性体验,这个体验就是满足体验;三是引发欲望满足的因素是同向相干因素,但并不是所有同向相干因素都可以达成欲望满足状态,因为有的同向相干因素只能改变相干素份素力却不能使素目的达成,也就不会出现欲望满足状态。例如,某人去买彩票,它的素目的是占有欲满足,结果他只中了个小奖,虽然也是同向因素,但此因素只是提升了占有欲的素力,却没能使占有欲复平满足。

(四)动基现象

基础素值是相对稳定的,但遇到特殊刺激因素后也会发生改变,我们把某素份受到特殊因素刺激后基础素值改变的现象叫动基现象。

动基现象按发生的快慢可分为即时动基现象和缓慢动基现象两大类。即时动基现象和缓慢动基现象是动基现象速度层面的两种形式。

动基现象按基础素值变化的结果可分为增基现象和降基现象,增基现象是引起基础素值增高的动基现象,降基现象是引起基础素值降低的动基现象。增基现象和降基现象是动基现象效果层面的两种情况。

1、即时动基现象

即时动基现象是指一次强烈刺激就使某素份基础素值显著上升或显著降低的现象。例如，某人不慎从高处跃落受伤，之后，他只要登上高处就害怕得无法行走，这是因为那一次摔伤事件使其（临高）安全欲的基础值显著升高，以后只要有轻微的登高刺激，相关素份素力就能达到行为阈值促发害怕回避行为。我们常说的"一朝被蛇咬，十年怕井绳"就是即时动基现象中的增基现象。反过来，对于害怕蛇的人，我们强行让他触摸无毒的蛇，他又会变的不再害怕，这种现象就是降基现象，人们平时进行的"突破心理障碍训练"就是这方面知识的应用。

2、缓慢动基现象

缓慢动基现象是指，经同一相干因素长期、反复刺激后，某素份的基础素值被缓慢提升或降低的现象。人们经常利用缓慢动基现象来干预行为。例如，利用宣传工具反复宣传"环境保护知识"，从而增强人们的"环保认知"，结果人们的环保行为增多了。再例如，"反复播放的广告"就是利用动基现象促发人们的购物行为。缓慢增基现象的本质仍是素外相干因素引起的素力提升，长期的素力高值使相关素份的基础素值也缓慢升高，这也是心理上的"潜移默化"作用。缓慢降基现象是素力慢损或负相关因素长期影响的结果。

【延伸】"从娃娃抓起"——潜移默化的教育手段

人们常说"教育要从娃娃抓起"，这种潜移默化式的教育主要存在两个方面的心理支持：其一，从幼儿开始的教育，有足够的时间进行知识积累，可以使环境素认知具有更大的素宽，进而拥有更广泛的行为铺垫、引导和助力能力，例如，书香门第的孩子通常有丰富的文学知识，音乐世家的孩子大多能歌善舞等等；其二，长期特定的环境因素也会在不知不觉中改变个体相应的本体素、群体素基础素值，使其形成某方面突出的能力或特定的性格，例如，军人家庭的孩子往往会形成良好的服从意识，游牧民族的子女大多性格奔放等等。也就是说，这种潜移默化式教育一是丰富的环境素源形成了更多的环境素认知，二是增基现象导致群体素、本体素某些素份的基值变化，进而影响个体的性格和能力。

【实例分析】西南某省某高校一名贫困学生，经常受到同宿舍同学欺负，几个月后的一天夜里，他杀死几名室友后畏罪潜逃。这一事例中，该学生长期受到室友欺负，他的捍卫欲在长期反复刺激后出现缓慢增基现象，基础素值与行为阈值日益接近，终于在不经意的因素作用后他的捍卫欲达阈促发了"捍卫"行为，酿成了震惊社会的校园凶杀事件。

二、素间相干因素

素与素之间也会因相干关系的存在而引起素力的变化。对于某素份来讲，只有与之相干的素份变化才会导致其素力的改变。与素外相干因素引起的变化不同，这种变化是双向的，双方（或多方）的素力都会发生改变，并且只有在某素力处于激发状态下才会产生相互影响，所以素间因素对素力的影响相对复杂。下面我们对它们进行分类探讨。

1、群体素与本体素之间

当群体素某素份与本体素某素份内容指向相同或相近，且素力处于激发状态时，本体素的素力将增强，这种现象叫群助；同样情况，本体素的素力增强反过来使群体素的素力增强的现象，叫回助。例如，国家出台了"降低商业税收"的政策，结果商家的干劲更足了。这一事例的素性本质是：由于"降低商业税收"的政策，使群体素（依法纳税的遵从）的素力增强了，进而引起本体素趋优欲素力的上升，这个现象就是群助；反过来，某个体非常想做某生意（趋优欲素力的增强）也会使他群体素（如依法纳税）素力增强，这个现象就是回助。

当群体素某素份与本体素某素份内容指向相反或相背，且素力处于激发状态时，本体素的素力将减弱，这种现象叫群阻；同样，本体素的素力减弱会使群体素相关素份素力减弱的现象叫回阻。例如，法律规定了"公职人员工作日不能饮酒"，大多数公职人员就会形成"工作日不饮酒的遵从意识"，进而也会引起他们饮酒欲望的降低。

本体素与群体素之间的群助与回助，群阻与回阻前提都是素份内容相干，且素力处于激发状态，此过程会因素力进入待激状态、素力达阈或促发行为等因素而停止。

2、环境素与本体素之间

当环境素某素份与本体素某素份内容指向相同或相近，且素力处于激发状态时，本体素的素力将增强，这种现象叫知诱；与之相似，本体素某素份素力增强反过来会使环境素相关素份素力增强的现象叫回诱。例如，某人学会了开车，形成了"车辆驾驶环境素"，这时他开车的欲望也会增强，这就是知诱；反过来，开车的欲望也会促进他学习开车的知识，并使开车技术提高，这就是回诱。

当环境素某素份与本体素某素份内容指向相反或相悖，且素力处于激发状态时，本体素的素力将减弱，这种现象叫知抑；同样情况，本体素某素力减弱反过来使环境素相关素份素力减弱的现象叫回抑。例如，某人看了屠杀牛的过程后，对牛肉不再有食欲，就是知抑的结果。

本体素与环境素之间的知诱与回诱，知抑与回抑前提都是素份相干且素力处于激发状态，此过程会因素力进入待激状态、素力达阈或促发行为等因素而停止。

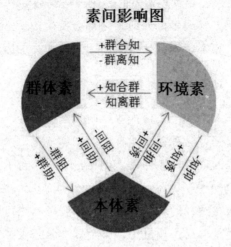

素间影响图

3、环境素与群体素之间

当群体素某素份与环境素某素份内容指向相同或相近时称群合知，当群体素某素份与环境素某素份内容指向相反或相背时称群离知。当环境素与群体素某素份内容指向相同或相近时称知合群，当环境素与群体素某素份内容指向相反或相背时称知离群。

群合知、知合群时群体素和环境素的素力在激发状态时都将增加，群离知、知离群时群体素和环境素的素力在激发状态时都将减弱。例如，面对严重的呼吸道传染病疫情，政府出台"居家办公"的政策，使民众形成"居家不外出的遵从意识"，这与"切断传播途径能预防传染病"的认知是一致的，属于群合知现象，此时相关的群体素和环境素素力都会增强。

4、本体素、群体素、环境素之间

不难发现，某素份可能与其它两素间多个素份同时存在不同的相干关系，导致它们激发时有相互增强的，也有相互削弱的，影响效果难以判断，但其仍然遵循上述几种作用规律，只不过参与的素份多了些，关系复杂了些。例如，发现有人落水，某旁观者的悯欲被激发、融入性群体素和区域群体素也被激发、自己不会游泳的环境素也被激发，此时前二者是相互增强作用，但环境素与前二者间却是相互抵制减弱的，其作用结果就变得复杂多变。

5、同族内不同素份间的相互影响

同族素不同素份间，也会出现素份内容指向相同（相近）或相反的现象，我们把同族素内不同素份间内容指向相同（相近）的现象叫内助，把同族素内不同素份内容指向相悖的现象叫内阻，相干素份处于激发状态时，内助能使二者素力都增强，内阻能使二者素力都减弱。例如，家庭遵从和国家遵从是不同的群体素素份，当国家遵从和家庭遵从都有赡养父母的内容，且素力激发时，二者的素力都会增强，这种现象就是内助，再如，学术界对同一事物有时会形成了不同的观点（环境素），进而导致这些认知的影响力都减弱，这种现象就是内阻。

三、影响素力变化的素内因素

素力变化的素内因素是源于心理产品自身的生物特性而呈现的导致素力变化的因素。它们是素力变化的条件因素，只要条件符合所有素份的素力都会发生改变。常见的素内因素包括素力慢损、素力复平、基值骚动、激发干涉等。

1、素力慢损

素力慢损是素运动的形式之一，是导致素力变化的又一因素，是指在受到长期、反复的非增强相干因素刺激（即恒定刺激或减弱刺激）或不受刺激时，素力强弱、变化速度、变化幅度会缓慢下降的现象。素力慢损现象在高素值、高序位时表现的更为明显。

素力慢损是心理产品重要的生物特性之一，它发生的条件可归纳为三类：

一是无相干因素刺激时无论是激发态还是待激态素力值都会缓慢下降，只不过激发态时表现的更明显。

二是长期恒定强度的相干因素刺激时相干素份素力的变化速度或幅度会减缓，套用物理力学的概念说，就是它的加速度会降低。例如，我们表扬某个人，刚开始他会很高兴，因为他的认可欲上升的很快，但是用同样的语言多次反复表扬他时，他慢慢会毫无反应，因为这时他的认可欲上升的很慢或不再上升；再例如，我们叫某个人的"外号"，刚开始他会非常生气，因为他的认可欲、捍卫欲受到异向反推作用素力快速上升，但长期叫或大家都这么叫之后，他反而无所谓了；再如我们做某人的思想工作，开始会有较好的效果，但同一方法和道理讲多了，就没有明显作用了。这三个例子表明，慢损在同向相干因素、异向相干因素、正相干因素、负相干因素作用时都会发生，它发生的条件与相干因素的素向无关，只与长期、非增强的条件有关。

三是逐渐减弱的长期相干因素刺激时，同样会发生慢损现象，只不过由于是不断减弱的刺激，慢损现象和素外相干因素的作用相互叠加，慢损现象往往被忽略。

慢损现象对激发态素份和待激态素份都起作用，只不过激发态的素力减弱更明显，待激态时基值的变化更缓慢。对于待激状态的素份，如果长期无相干因素刺激，它的基础素值会表达为缓慢降基现象，这也是为什么某项工作长期不干后不仅技能生疏了，欲望也降低了的缘故。

素力慢损属素力变化的素内因素，促使素力慢损的原因，一方面是人类生物体特征引起的疲劳性衰减（适应性），另一方面是素运动的结果，素处于不断运动变化之中，如果促发素力改变的刺激因素跟不上变化，素力减弱将是必然，正所谓"逆水行舟，不进则退"。

素力慢损是缓慢的，却是长存的，只要条件符合，慢损就会存在。

素力慢损在本体素是"永不满足"、"动力不竭"的根源，也是推动人类前进的内在因素之一。在群体素它是推动群体进步、发展、衰退、消亡的内在因素。在环境素它是人们对环境探索不止的心理基础。

同时素力慢损也是"习以为常"、"见多不怪"、"处在福中不知福"、"一鼓作气，再而衰，三而竭"等行为现象的心理基础。《三十六计》《瞒天过海》说："备周则意怠，常见则不疑"也在表述慢损现象的存在。

2、素力复平

素力复平是素运动的又一方式，是指主导或支配行为的素份，在行为完成之后素力快速下降、恢复（或趋近）基值、进入待激状态的一种现象。素力复平也是人类生物特性的素性体现，是一种自我保护，是防止某素份素力持续升高的自我保护措施，也是行为再次发起的内在准备，所以它属于素力变化的素内因素。

3、基值骚动

基值骚动是指在待激态情况下，基础素值会出现小幅度上下摆动的现象。基值骚动是素运动的形式之一，是心理产品重要的生物特性之一。基值骚动虽然素力摆动幅度很小，但有时却能引起相关行为的促发，其中思维行为由于阈值与基值很接近，是基值骚动最易促发的行为类型，这也是"夜静思绪多"、"无事生非"，甚至是梦境思维行为发起的心理基础。

基值骚动产生的推测原因是由于生物膜电势的维持方法造成的。生物膜电势差的维持是动态维持，也就是靠跨膜正负离子数量或速度差来维持的，当正负离子跨膜速度或数量差相对恒定时就能维持一个相对稳定的电势差，但对于两个相邻的瞬间时刻来讲，相对恒定的速度或数量差是很难完全一致的，这就造成了长时间看相对稳定，短时刻看存在差异的现象，其结果就是电势的小幅度局限摆动。这就像某个商场，当进入和退出商场的人数基本相等时，总体来看商场内的人数是稳定的，但若以两秒钟为单位进行统计，则会发现，前两秒商场内人数少一个，后两秒又多了一个，如此反复波动。

基值骚动在近期刚激发复平的素份、存在增基现象的素份更明显、更容易。这也是"日有所思，夜有所梦"的主要原因。

4、激发干涉

激发干涉是指受刺激激发的素份会对同样处于激发状态的素份素力产生抑制作用的现象。激发干涉与相干关系无关，只不过存在相干关系的素份由于相干作用的存在导致激发干涉作用表达的不明显，激发干涉不是相干作用，而是能量竞争作用的结果，是心理产品生物特性的体现之一，所以它应归于素力变化的素内因素。我们可以把激发干涉看成是条件诱发现象，只要存在能量分散的条件（其它素份激发），就会出现原激发素力减弱的现象。激发干涉是欲望交换现象存在的因素之一，也是平时人们说的"转移矛盾"的心理基础。激发干涉现象与素间作用在表征上的区别是，激发干涉现象只会导致原激发素份的素力降低，而不会使其素力增强，但素间影响作用的结果却既可使素力增强也会使素力降低，同时相对来说，激发干涉的作用相对要弱一些。

几种特殊素力变化现象特征表

现象名称	发生条件	效应部位	作用结果	现象举例
素力慢损	非增强刺激或无刺激	激发素值 基础素值	激发值↓基础值↓	习以为常等
素力复平	行为完成后	激发素值	激发值→基础值	
基值骚动	待激状态素份	基础素值	基础值摆动	无事生非等
激发干涉	多素份同时激发	激发素力	激发值↓	转移矛盾
动基现象	长期恒定刺激或无刺激 一次强烈刺激	基础素值	基础值↑↓	潜移默化等 惊弓之鸟等
挟欲现象	某素力显著变化	其它素阈值	素阈值↑或↓	爱情之晕等

第六节　素势、素序、素谱

素势、素序是描述三素之间、不同素份之间素力强弱关系的概念，二者对探讨人类行为取向、行为次序有重要意义。素谱是描述人类个体心理产品整体轮廓的概念。

一、素势

（一）素势的概念

本体素、群体素、环境素共同组成了人类心理产品的整体，三者素力相互作用的结果决定着人的行为取向。我们把某个体或群体某时间段内三素平均基础素力强弱的比例态势叫素势，素势是人类三素力量平衡状态的表达，是人类行为取向的内在因素。

根据素势的概念可用以下公式表示：

素势=本体素平均基础素力：群体素平均基础素力：环境素平均基础素力。

素势研究的目的是探讨素与行为取向的关系。行为取向是个体长期行为或群体大多数个体行为的趋势和倾向，短期行为和个别行为不能体现行为取向。

本体素、群体素和环境素都包含多个级别的众多素份，在统计时间段内，有的素份启控（发起和支配）了行为，而有的素份没有启控行为，我们把某时间段内没有启控过行为的素份叫该时段的眠素份，把某时间段内启控过行为的素份叫该时段的醒素份。统计平均素力时若将眠素份的素力也统计进来不仅增加测算难度，而且意义不大，还会造成素势偏差，这和我们探讨素与行为关系的根本目的背道而驰，所以计算某时段的素势时只需统计醒素份的平均基础素力。这并不表明眠素份对行为没有影响，而是表明眠素份对该时间段的行为取向影响较小而已。

心理产品的本质是心理信息，以人类目前的科技水平尚无法准确测量每一素份的实际素力，更无法计算每族素内众多素份的平均素力，量表测算法虽然理论上可行，但工作量巨大，还存在很多偏差因素，为了解决实际问题，我们引入了概念素势、概略素势两个素势算法概念。

1、概念素势

概念素势是通过量表测量等方法计算出的某个体（或群体）某时间段内本体素平均基础素力、群体素平均基础素力、环境素平均基础素力的比值态势。当然，这里的平均基础素力也是指醒素份平均基础素力。

概念素势是严格按素势概念通过计算得出的素势，这种方法得出的素势相对准确，但在实际操作中工作难度和工作量都很大，并且无法将已过去的时间段纳入素势范围，所以也存在很大的局限性。例如，我们想知道某个人某年的素势情况，就必须从年初开始对其三素基础素力进行多次测量，而后计算三素的平均基础素力值，再计算出本体素、群体素、环境素基础素值的比例，如果这一年已经过了一半了，我们就无法对其进行计算。

2、概略素势

概略素势是依据"行为是素状态的外在表达，素状态是行为的内在本质"的实际，利用三素行为量比值代替平均基础素力比值间接获得的素势。也就是说，概略素势是通过计算某个体（或群体）某时间段内本体素行为量、群体素行为量、环境素行为量的比例，间接得出的素势。

概略素势可以用以下公式表示：

概略素势=本体素行为量：群体素行为量：环境素行为量。

概略素势解决了素势测算困难和无法获得已过去时间段素势的实际问题。但也存在两个问题，一是偏差隐患问题，毕竟行为量不等于基础素力本身，行为的发起除基础素力外还受刺激因素、行为阈值等因素的影响；二是时段局限性问题，概略素势不能用于获得短期的素势，因为短期行为受环境因素影响更大，行为主体心理产品的情况更不易把握，行为类型更不易确定。例如，某个体进行了为期一周的军训，其80%的行为都是"遵从"行为，由于时间短，群体素可能尚未形成，此时的行为是群体素主导行为还是本体素主导行为（被迫行为）很难确定。所以概略素势方法不能用于短时间（不小于半年）段的素势计算。

要获得较长时间段的素势，概略素势方法是可行的。首先，行为取向是素势的外在表达，长期大量行为的类型态势正是行为取向的反映，也更能体现素势研究的目的；其次，长期大量的行为作为一种营素环境和素外刺激因素，会反馈性地影响相关素份的基础素值，使其与行为实际更接近，这样素势结果也会更贴近素势实际。例如，某人长期从事商品经营工作，时间长了他的本体素占有欲基础素力就会上升，他的素势也会成为强本素势；再例如，某人长期在军队工作，时间长了他的群体素力就会上升，他的素势也会成为强群素势；另外，素势在本质上是醒素份基础素力的强弱态势，当某素份基础素力高值时，同等条件下它发起、主导（支配）行为的概率就越大，实际行为量就越多。

行为量包括行为次数和行为持续时间，素对行为的支配是全过程的，所以统计行为量时用时间的方法比用次数的方法更准确。例如，某个体打了4小时游戏，那么他的行为量是"本体素行为4小时"；再例如，某个体一天内共进行文学创作6小时，他的行为量是"环境素行为6小时"。

概略素势中行为量统计应注意以下几点：

一是只统计醒素份主导或独控的行为量，醒素份作为参与素的行为量不予统计。例如，参加同学聚会这一行为，是本体素（恋欲、求同欲等）主导、群体素（融入性群体素）参与的行为，但统计行为量时只计作本体素行为量，不计为群体素行为量。

二是行为量统计时要除去基本生存维持行为的行为量。也就是说要除去必须的睡觉、吃饭、上厕所、穿衣等维持基本生存行为的行为量，因为人作为有生命的生物体，这些行为是所有个体都必须实施的，若将这些行为也统计进来势必使本体素行为量过高，失去素势探讨的真正目的，但超过正常睡眠的赖床、享乐型的吃喝、彰显式的穿着等都需要统计行为量。

三是行为量的时间应包括行为全程，也就是包括行为发起、行为实施和行为完成的全部，或者是复合行为的多行为总时间，例如，某个体去行窃，行窃动作实施的时间可能很短，但思维谋划、物资准备、消脏过程的时间往往是很长的，这些时间也应算在行为量内。

四是多素主导行为的行为量要分别累计，例如，"某学生参加考试"这一行为是群体素和本体素主导行为，这一行为既要计作群体素行为量也要计作本体素行为量。

五是可以用行为时间百分比来代替具体行为时间来进行行为量态势统计，这可以减少许多工作量。例如，某个体半年内60%的行为时间是本体素行为，30%的行为时间是群体素行为，10%的行为时间是环境素行为，那么他这半年内的素势是60：30：10。

六是，概略素势还可以利用行为特征反推的方法获得。例如，某个体某时间段内的行为基本上都是围绕个体欲望实施的，那么他的素势就是强本势素势；某个体某时间段内的行为基本上都是遵照上级要求或规定实施的，那么他的素势就是强群势素势；某个体某时间段内的行为都是依据某种认知理论实施的，那么他的素势就强知势素势。这种反推方法更便捷、更概略，但准确性可能更差一点，并且需要熟悉各素势的行为特征。

概略素势是通过计算行为量比值的方法间接获得的素势，同实际素势相比存在偏差隐患，但它具有重要的实用价值，例如，要分析奴隶社会某个体或群体的素势，我们无法测算他的基础素力，无法获得他的具体行为量，但能从历史记录中知道其一生中大约80%的行为量是遵从行为，10%的行为是欲望支配行为，10%的行为是认知主导行为，那么他一生的素势就是10：80：10。

由于概略素势测算方便，所以大多数情况下我们都用概略素势来代替实际素势。

3、素势图

为了便于观察、理解和比较，我们将素势用饼圆（示意）图表示，称其为素势图。对同一个体或群体来讲，素势在一定时间内相对稳定，但其仍具有运动性和变化性，所以我们讲素势时需要标明时间段。例如，某个体2020年本体素行为量、群体素行为量、环境素行为量比值是"30：20：10"通过弧度换算为180：120：60弧度值，则其2020年的概略素势可用右图标示。

素势图（举例）

（二）素势的形态类别及特征

从形态上看，素势有十种基本态势，其中三素平均基础素力大致相等时为均分势。其结构特征是三素平均基础素力大致相等，约等于120度均值。其表达特征是：综合指向无明显偏向，源动力适中，遵从度适中，支撑度匹配。理论上均分势是比较理想的素势，它具有多向变化的可能和依需调整的空间，这和孔子的"中庸思想"有相似之处，只不过均分势不是两者之间的"中庸"，而是三者之间的"中庸"。现实中均分势不是常见的素势，也不是任何情况都适合的素势，只是理论上的基准素势。除均分势外还有其它九种常见素势。

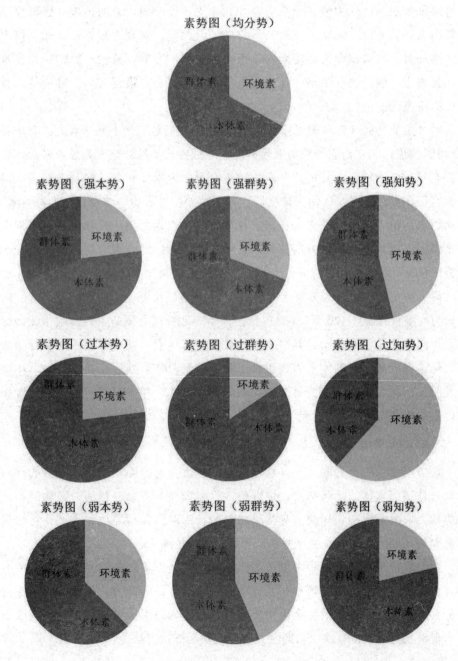

以上示意的十种素势图，只是概念示意，实际素势存在着素势概念范围内素力值差异导致的众多变化，但这些变化对素势特征和行为取向的影响不大。

从图中可以看出均分势以外的九种素势可分为三类：

一类是强势素势（第二行示意图），其结构特征是：三素中某一素的素力明显增强，但小于180弧度值，其它两素的素力减弱（小于120度均值）。其表达特征是综合素向为强势素向，强势素特征明显。其中，强本势综合素向为本体素向，素势特征表现为源动力强，分散性强，认知支撑度一般，合力一般；强群势，综合素向为群体素向，源动力一般，但方向一致性好，素合力较强，认知支撑度一般；强知势，素势指向为环境素向，源动力较弱，方向一致性一般，认知支撑度好，素合力一般。实际生活中，强势是常见素势，它能根据实际及时调整，具有较好的适应性。

第二类是过势素势（第三行示意图），结构特征是三素中某一素力显著增强且≧180弧度值，其它两素的素力明显减弱。表达特征是综合素向为过势素向，行为特征彰显过势素特征。其中，过本势，综合素向为本体素向，源动力充足，但分散性明显，素合力弱，认知支撑度低，方向性差；过群势，综合素向为群体素向，源动力弱，但方向一致性强，认知支撑度差，综合素力强。过知势，综合素向为环境素向，源动力一般，方向性差，认知支撑度强，综合素力弱。过势适合于应对特殊情况，不适合长期存在，长期存在会带来风险。

第三类是弱势素势（第四行示意图），示意三素中某一素明显减弱，其它两素的素力均增强且都在120至180弧度值之间。表达特征是弱势素被压制特征，综合素力指向为非弱势素方向。其中，弱本势时，本体素特征被明显压制，源动力显著弱化；弱群势时，群体素力被明显压制，凝聚力显著减弱；弱知势时，环境素力被明显压制，认知支撑度显著减弱。弱势和过势一样，短时间可以应对特殊情况，但长期存在就会带来风险。

（三）素势前缀

素势所预示的行为取向只是总体取向，也就是说，强本势、过本势的行为行为取向是围绕本体的，强群势、过群势的行为取向是围绕群体的，强知势、过知势的行为取向是围绕认知的，具体更精确的行为取向则与导致强（过）势的具体素份有关，为此我们引入了主力素份和素势前缀的概念。

主力素份是指某素中素力最强的醒素份，它是造就素势的主要力量。主力素份具有优先启控行为的优势和在素势中彰显自身特征的能力。例如，同样都是强本势素势，甲的行为是围绕金钱物质的，乙的行为是围绕名誉地位的，那么甲的主力素份就是金钱占有欲，乙的主力素份就是名誉认可欲。

素势前缀是在素势前面标注上主力素份的称谓，使素势表达更具体、更明确的标注方法。它解决了素势指向过于笼统的不足，从而使素势更接近于表达或预示具体行为。例如，葛朗台是过本素势，其中占有欲是主力素份，那么葛朗台的素势就可以标示为"占有欲过本素势"；再例如，岳飞是强群素势，其中对国家的认可性遵从是主力素份，那么他的素势就可以标示为"忠国类强群素势"。

弱势素势的指向通常不是一个方向，所以不为弱势进行前缀标示；均分素势没有明确的强势指向，所以它也无法进行前缀标示。

可见，素势前缀是为了解决强势和过势素势方向笼统问题而将其主力素份进行前缀的素势标注方法。

（四）素势规律与素势平衡

1、素势规律

三素共同组成了人类心理产品的整体，对于正常人来讲（新生儿、婴儿除外）三素中任一素都不可能完全消失，也不可能自成整体（360度）。三素素力是拼圆关系，三者同在一圆，共成一圆，彼此间遵循"有长就有消，有消就有长"的运动规律。

素势规律是人类素势的必然遵循，是三素间相互制约、相互促进的结果，是个体（或群体）能力、精力有限的必然，也是时间、环境限定的必然。

2、素势平衡

素势平衡是指从长期看人类素势存在着向均分态趋向的特性。素势平衡是素势规律与人类生存需求共同作用的结果，这一特性是一种动态平衡，它缘于三素间相互制约、相互促进关系的存在，当某一素过强时其它两素就会增强对它的抑制，当某一素过弱时其它两素就会增强对它的促进。但在人类历史中强势乃至过势比均分势更常见，这是因为均分势是一个机率极低且条件苛刻的理论值。

（五）生理素势

素势是个体或群体某时间段三素平均基础素力的综合态势，它的变化是三素素力变化的结果，所有能影响素力变化的因素都可导致素势的变化，这些因素中既有素外因素，也有素间因素和素内因素，其中也包括躯体因素和人类社会因素。

因基因表达时序、躯体发育过程、人类教育规律等因素的影响，导致不同个体在人生相同的生理阶段会出现类似的素势和行为表达，我们把这种与躯体生理发育阶段有明显对应关系的素势叫生理素势。

生理素势主要有以下几个：

1、婴儿素势

婴儿阶段（0～1周岁），群体素和环境素处于近零状态，素势表现为过本势。

生命欲是此阶段的主力素份。行为特征是围绕生命维护的行为，所以婴儿的行为主要就是吃、睡等生命欲主导行为。

2、幼儿素势

（1周岁～学龄前）幼儿阶段，群体素和环境素从无到有，从弱到强，但素势仍表现为强本势。本体素探索欲为主力素份，行为特征为好奇、好动、爱提问等。

3、小学素势

小学阶段，从属的群体开始增加，家庭群体、学校群体、班级群体等共同影响，导致群体素快速显著增强，素势表现为强群势，行为特征表现为服从意识强，但常有学校遵从强于家庭遵从的现象，这是不同素序的行为表达。

4、中学素势

中学阶段，随着大脑进一步发育成熟，自我意识开始增强，素势又表现为强本势，存在素成为主力素份，其中自由欲、彰显欲、捍卫欲更为活跃，行为呈现叛逆、个性突出等特点，同时由于躯体器官发育等因素的影响，爱欲、性欲也开始表达。

5、大学素势

大学阶段，环境素认知增加明显，素势多表现为强（过）知势或弱群势。行为呈现思维活跃，行为执着、漠视群体等特征。

6、成人素势

成人阶段，环境素增加、群体量增加、实践行为丰富，本体素、群体素、环境素份进一步完善，但由于所处环境、教育程度、从属群体等营素环境的差异，导致素势出现多元化，各种素势均有表现。例如，商人多为强本势，军人多为强群势，科研人员多为强知势等等。

7、老年素势

老年阶段，从属群体减少，群体素力降低，学习、实践活动减少，环境素力降低，素势多又表现为强本势。主力素份多为生存素生命欲、存在素认可欲、情素释欲、馈欲等，行为多表现为过分关注健康、关注名誉、爱唠叨等特征。

受素外因素、素间因素的影响，生理素势只是多数个体的大概率素势，不代表所有个体在某阶段都是相同的素势。同时由于人的生理阶段划分只是相对概念，各阶段间并无绝对界限，所以生理素势也不是绝对的。

【延伸】逆反之痛

不少家庭都遇到过这样的情况，家中的中学生（包括部分小学生和大学生）逆反异常，在父母眼中：他们我行我素，"好坏不分"，面对管教轻则置若罔闻，重则全面反击，甚至武力相向、离家出走；在孩子眼中：父母顽固落后，管天管地，是自由、进步的最大障碍；于是，和睦变成了争吵、对抗吞噬了亲情，家长和子女都承受着巨大的痛苦，我们称这种现象为"逆反之痛"。从《心理产品学》的观点看，造成这一现象的原因有几个方面：①中学生正处在自由欲、认可欲、捍卫欲高位的强本势生理素势之中，这种素势自我意识强劲，遵从观念和认知引导相对不足，由此造就了显著的抗约束特性，他们几乎对所有的约束行为都抗拒，有了这个素势前提，灌输、说教式的教育管理遭遇抵抗也就在所难免。②认知的差异导致两代人对同一事物、同一行为的评判分歧严重。中学生包括部分大学生，他们的认知面相对较窄，但他们的认知多是社会前沿、当前流行或书本上的东西，父母的认知面相对较宽，但相当一部分都是过去的事物或实践的经验，这使二者的素源尺度、行为尺度相去甚远，对同一事物、同一行为的评判结果常常相互对立，这也是导致"逆反"行为的另一个原因。③长期的相处与不间断的对抗无疑使双方自由欲、优子欲、舒适欲等素份都出现增基现象，这种增基现象的后果是：一方绝大多数的行为举止都会激发另一方的不良情绪或对抗行为，甚至一句话、一个表情、一个动作都能促发另一方的厌烦情绪乃至冲突行为。④子女对生活的追求和家长对子女的规划往往存在差异，这是父母"优子欲"和子女"自由欲"的较量，由此导致的斗争往往坚定而持久。

　　减轻或消除"逆反之痛"，建议从以下几个方面入手：①学习《心理产品学》相关知识，让家长和子女都知道"逆反之痛"产生的主要原因，知道双方在"逆反之痛"中都是主角、都有责任，生理素势的存在是客观实际，认知的差异、管教方法的简单是促发因素。子女要明白：个人的自由自主欲望再强烈也必须有所遵从、也必须在社会大环境的铺垫下才能实现，没有约束的欲望是危险的欲望，脱离现实的行为是愚昧的行为，自己的许多愿望未必正确，也未必切实可行，就像一个人的头发，适度的存在会让你美丽自信，放纵疯长会使你面目全非，必要的修剪是必要的；父母要清楚：社会是发展的，人是在成长的，再好的经验也有过时的时候，再好的初衷也只是你自己的认定，你所认定的"好"未必是子女认定的"好"、未必是社会认同的"好"，你的固执己见很可能是在错误的路上，遭遇对抗很可能不是偶然；②掌握家人相处的时代方法，"家长一言九鼎、子女惟命是从"的时代早已过去，但"彻底放养"和"有求必允"的方法也同样有害无益，平等沟通、与时俱进已成为时代主旋，也是文明的象征。人是有认可欲的，都渴望自己被认可被尊重，命令、强制式的言行和对抗式的策略在现代家庭中已无立足之地。处理家庭关系只有遵循的原则没有万能的方法，静下心来认真听听对方的见解是处理好家庭关系的前提，联系实际、同力合谋、为共同的目标找到一个切实可行的方法才是根本。

　　"逆反之痛"的心理基础是特定生理素势的存在，这种素势会随着子女的成长、群体因素的增加、认知的丰富而发生改变，所以"逆反之痛"通常是阶段性的，当然它的长度和程度因人、因家庭而异。

（六）群体素势与社会素势

群体素势是把群体看作一个整体，把群体行为作为信息来源得到的素势，它的主体是群体而不是群成员，它关注的行为是群体行为而不是个体行为。

社会素势是指某群体内所有群成员或大多数群成员的综合素势，它的信息来源是个体行为信息而不是群体行为信息。

（七）素势的现实意义

素势是人类三素平均基础素力的比例态势，三素是人类行为的启控者，所以研究素势能在一定程度上把握个体或群体的行为取向，进而发现人类行为的规律，为人类的生存和发展服务。

通过行为我们可以知道某个体或群体的素势，通过素势我们也可以预判相应的行为取向。

撑握素势知识，根据需要调整素势进而影响行为，是人类能动性的重要体现。

不同的素势有不同的特点，从行为的人类属性看，各种素势都有积极的一面也有消极的一面。例如，强本势、过本势能激发源动力，促发个体的能动性和创造性，但却会抵制群体素，弱化群合力的形成；强群势、过群势能整合源动力，形成强大合力，却会压制个体的能动性和创造性，久而久之也会削弱源动力；强知势、过知势能为人类提供有效的铺垫和引导，使行为更高效、更容易，但却容易带来失衡和盲目选择的风险。因此把握素势特征，合理调整素势是重要的。

素势本身没有好坏之分，只有适合与不适合之论，凡是能适合当时人类发展及环境实际，能维护和促进人类生存、发展、文明的素势都是合适素势，凡是不能适合当时发展及环境实际，阻碍人类生存、发展和文明的素势都是不合适素势。但是，有了素尺度之后，素势经常被不同的群体或个体人为的进行定性。

素势是一个动态态势，有明确的时段性和变化性，合适与不合适也是动态标准，此时合适，彼时就不一定合适，此时不合适，彼时有可能合适。例如，战争或重大自然灾害时期，为适应当时的实际需要，强群势、过群势可能是合适素势，特殊时段过后，为提高个体的能动性和源动性，强群势、过群势就不是合适的素势。"重症下猛药，乱世宜重典！"就包含这方面的道理。

素势的适合与否不是绝对的，不一定都有害，也不一定都有利，要联系实际，具体问题具体分析。就像医学中的"发热症状"一样，通常"低热"能促进新陈代谢，增强白细胞吞噬功能，对抵御疾病是有利的，但"高热"却会影响器官功能，降低机体免疫力，甚至造成躯体器官损伤；反过来，"长期低热"也是有害的，它过度地消耗了机体储备，给更大疾病的发生埋下了隐患；其实"痛觉"的作用也是如此，必要的痛觉是重要的生命保护机制，过度的疼痛则会造成躯体机能紊乱、休克甚至死亡，所以不是所有"疼痛"都需要止痛，也不是所有"疼痛"都能够听之任之，具体问题具体分析是其精髓。对素势的选择和评定也是如此。

二、素序

（一）素序的概念

素序是指不同素份间素力强弱的排序，是探讨行为表达规律的重要概念之一。由于激发素值具有显著的不稳定性，它的排序既困难又无实际意义，因此我们平时提到的素序均指基础素值的排序。基础素值相对稳定，但也会缓慢变化，所以素序定义的是某时段某个体某些素份基础素值强弱的排序。

素序中高位素具有强势捕捉相干因素、优先达阈促发行为的优势，这也是素序概念立足的实用意义。因此，素序表面上表达的是素力强弱的排序，本质上表达的是某因素刺激时相关素份中可能发起行为的序次。例如，外敌入侵时，有的人逃跑了，有的人奋起抵抗，这说明有的人是"生命欲 > 捍卫欲"的素序，有的人是"捍卫欲 > 生命欲"的素序。

1、先天素序

是指受生物本能支配而具有的素序。例如：本体素子素的先天素序是"生存素 > 繁衍素 > 存在素 > 情素"。只有本体素的素份受生物本能因素的先天支配，所以只有它存在先天素序，群体素和环境素是后天形成的，它们没有先天素序。

2、实际素序

是指个体在实际生存、生活过程中所表现出来的素序。纵是存在先天素序的素份，由于受群体素、环境素的影响其实际素序也往往与先天素序不一致。

3、社会素序

是指某群体中大多数个体的实际素序。社会素序往往反映一个群体的风俗习惯和行为趋向，它受相关环境和群体因素的影响更大。

4、首素效应

是指首位素具有敏感捕捉相干因素、优先促发行为的现象。例如，面对钱财，占有欲首位的个体更容易受这一因素的影响，更容易促发占有、偷窃、抢夺等相关行为。

（二）素序的跨域类别

根据参与素份是否在同一素族内，素序可分为跨族素序和族内素序。

1、跨族素序

跨族素序是指某个体或群体，可被某因素同时激发的、不同族素份基础素值的强弱排序。跨族素序中的素份是来自两个或两个以上的素族，这些素份被同一相干因素关联在一起，这些素份基础素值的强弱排序决定该因素作用时行为发起的优先次序。例如，"某人在路上捡到一笔钱"，此因素能同时激发本体素占有欲、群体素法律遵从、环境素相关认知等相关素份，如果他把钱上缴，则表明此人该因素下的跨族素序是"群体素（法律遵从）＞本体素（占有欲望）＞环境素（相关认知）"，如果他看到地上的钱，但没有捡，该行为表明此人该因素下的跨族素序是"环境素（相关认知）＞群体素（法律遵从）＞本体素（占有欲望）"。可见，跨族素序是因素关联素序，离开关联因素跨族素序就无法立足。

跨族素序中有时会出现不同族内多类型素份混杂在一起的素序，它是一种多素族、多性质素份被同一因素关联下的素序，我们称其为混杂素序，它是跨族素序中的特殊情况。例如，"几个人一起在外就餐，面临付账问题"，在这一因素关联下，通常会引出"社会类环境素、融入性群体素、本体素情素"等相关素份参与的跨族素序，而其中的素份是多族多类型的素份，如果他们实行了AA制，那么他们都是环境素认知首素的素序，如果某一个体碍于面子独自付了款，则他是融入性群体素首素的素序，如果某人出于友情主动付了款，则他是本体素情素首素的素序。

跨族素序与素势有一定的关系，它们都旨在描述三素间某些素份素力强弱的关系，旨在揭示素与行为之间的联系。但素势着眼的是某个体或群体某阶段整体素力的强弱态势，关注的是行为取向，它与关联因素无关；跨族素序着眼的是某因素关联下相关的具体素份素力强弱，关注的是某些具体行为的优先次序。

2、族内素序

族内素序是同族内不同素份间基础素值的强弱排序。根据参与素份内容或性质的不同，族内素序又可分为性质素序和结构素序。

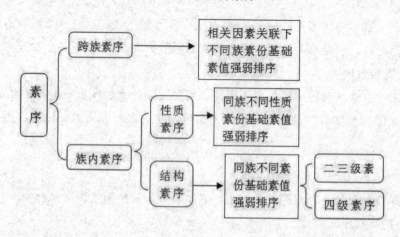

（1）性质素序

性质素序是指不同性质素份间基础素值的强弱排序，它在本体素族内指的是"物质欲望与精神欲望之间的素序"，在群体素族内指的是"指令性遵从、认可性遵从、融入性遵从之间的素序"，在环境素族内指的是"记录性认知、解读性认知、体验认知之间的素序"。例如，我们平时讲的"将在外君令有所不受"就是在提倡"认可性群体素＞指令性群体素"的性质素序，"精神文明先于物质文明"讲的就是本体素内两种不同性质素份间的素序。

（2）结构素序

结构素序是指同族内不同内容素份间基础素值的强弱排序；它在我们日常生活中体现的更为明显，它主要包括以下几类：

① 二、三级素序

二、三级素序是指同族二级或三级素基础素值的强弱排序。二级素种类不多，素序表达兼具概括性和具体性，三级素数量较多，素序表达更倾向于具体行为，实际应用更广。

② 四级素序

四级素素份众多，且不同个体、群体间差异较大，其素序更多的是表达个体的行为定位，它在本体素主要表现为个体或群体的不同行为专注或爱好，在群体素主要表现为具体的遵从次序，在环境素则主要表现为某方面认知的优先行为效应，但由于四级素过于繁多，四级素序个体差异非常巨大，脱离具体个体或群体后很难详细讲述，所以在后面的章节里也不对其作更多讲解，这并不是说四级素的素序在行为表达方面不重要，相反它在探讨人类的具体行为时还是非常重要的，例如，面对多种水果有人爱吃香蕉，有人爱吃苹果；有人对交通规则很遵从，而对纳税法规不怎么遵从；有的人对物理知识博学善用，而对人文知识知寡用微等等，这些都是四级素序作用的结果。

（三）素序的实际意义

素是行为的启控者，素序表面上描述的是素力强弱的概念，实质上它表达的是行为发起与选择的次序。

通过行为我们可了解个体或群体的素序，通过素序我们可以明白个体或群体为什么会有这样或那样的行为，进而可以预判有什么样的行为发生。例如，通过对某个体行为的分析，我们得出某人的群体素子素的素序是：国家遵从＞企业遵从＞家庭遵从，那么我们就可以预判当国家利益与家庭利益发生矛盾时，他会产生什么样的行为。再例如，一个家长对待自己的孩子非常严厉，为了提升学习成绩经常打骂孩子，另一位家长对孩子非常溺爱，不仅从不打骂，还经常无原则袒护，这是由于这两位家长繁衍素子素的素序不同造成的，一个是"优子欲＞护子欲",另一个是"护子欲 > 优子欲"。四级素的素序对行为也有明显影响,例如,某学生对物理很感兴趣,却不喜欢英语,这是由于他探索欲的四级子素"物理探索欲 > 英语探索欲"的缘故,当然形成这个素序的原因是多方面的。

获得某个体的实际素序主要是依据行为观察法,从对其众多行为的观察中我们可以得出他的实际素序。理论上也可以用量表测量的方法获得某人某方面的素序,但其难度和准确度会让人望而却步。

掌握了素序知识,我们就可以解释为什么同样的环境中人们会有不同的行为。诸如,为什么有的人衣食无忧还拼命挣钱,为什么有人并不富裕却四处游玩,为什么有人为了权势会不顾一切,为什么一个班的学生有人喜欢数学有人喜欢物理,等等。

素序本身无好坏对错之分,有了素尺度之后,在特定的范围内它被标定了对与错,好与坏的标签,这些内容我们将在后面讲到。

【延伸】生活实例中的素序解读

这是一个真实的事例,某骗子一年多时间内给一位70多岁的老人打了几十次电话,老人先后给骗子汇款十余次共计十几万元。后来,骗子因其它案件将此事供述,当记者采访老人时,他的回答让人们吃惊。

记者:你这么多次给他转钱,你没有想到他是骗子吗?

老人:我知道他是骗子。

记者:那为什么还给他转钱呢?

老人:他每次打电话都礼貌客气、问寒问暖,我们谈东道西,讲长述短,他打电话时我没有了寂寞、心情很愉快,虽然我知道他是为了我的钱,但我愿意!

听到这里,很多人都陷入了沉思,人们更多地是在思考老年人的精神需求问题,是的,这是一个亟待解决的现实问题。但我们今天要讨论的是"老人为什么会这么做"的问题。

《心理产品学》认为,人类行为的发生与外界刺激因素有关,更与一个人的心理产品状况(素谱状态)有关,同样的外界刺激因素,不同的个体由于素谱状态的不同常常会做出迥异的应对行为,而素序的差异是造成这种现象的重要原因之一。

当今社会,物质保障条件的不断提高,一些老人物质方面并不缺乏,这使他们的占有欲、趋优欲、财产捍卫欲等素力在慢慢下降;与此同时,由于缺少陪伴、缺少人际交流,他们的释欲、认可欲、爱欲等素力反而在慢慢上升,于是,不少老人慢慢形成了"释欲、认可欲、爱欲 > 占有欲、趋优欲、捍卫欲"的本体素序,也是"精神欲望 > 物质欲望"的本体素序。在这种素序作用下,精神需求是第一位的,钱不钱、骗不骗则在其后了。于是,在"能和别人交流,得到别人关怀"与"防骗、保护财产"之间他自然会选择前者，这和"儿童打赏主播"没有本质区别，只不过"主播"比骗子更高明。

三、素谱

素谱又称素谱状态，是指人类个体某时刻心理产品的整体情况，它包括相应个体心理产品的数量、内容、状态、指向、素力强弱、比例、搭配、结构等相关内容，它决定一个人的性格、人格等心理特征，是一个人的心理容貌。

从细微方面看，不同个体的素谱状态总是有差异的，同一个体不同时期的素谱状态也是不同的，但从宏观看，同一个体的素谱状态在一定时间内又是相对稳定的，甚至多个个体的素谱状态可以归为同类。这就象一条河流，从微观看每条河流都不是以前的自己，但概略看任何一条河流很长时间内都是它自己，甚至可以把某些类似的河流归为同一类河流。可见，素谱状态是一种动态稳定的呈现状态，它既有变化性，又具稳定性和可归类性。

第七节　素力变化的效应

素力变化会引起一系列的效应，这些效应可分为三个方面，一是素力变化导致素份素谱状态的变化，二是素力变化促发素控行为，三是素力变化诱发亚素行为。

一、素力变化引起素谱状态的变化

某素份素力发生变化，必然引起它的素谱状态发生变化。

其一，素力变化会引起素的存在状态从待激态转变为激发态，也会从激发态复平至待激态。

其二，素力变化会导致它所处的素序发生改变，例如，由首位素变为非首位素，或者由非首位素转变为首位素。

其三，素力的变化，尤其是长期大强度的变化，也有可能导致素势的变化，例如，某素份长期出现高值凸基现象，最终导致某段时间的素势发生了改变。

其四，由于素间作用的存在，素力的变化还会导致其它素份素力的变化，从而引起更多更复杂的变化。

其五，某些特殊的素力变化还会导致特素现象、挟阈现象的出现，例如，长期的刺激因素会引起某素份的凸基现象；某素份爱到强烈刺激会出现飙素现象；某素份的快速变化引发了挟阈现象等等。

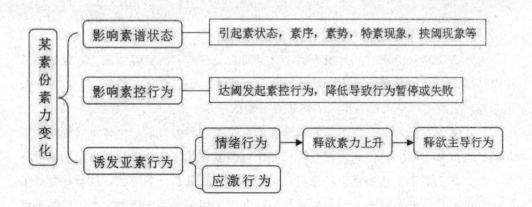

二、素力变化影响素控行为

素力的升高如果达到了行为阈值，则会引起相关素控行为的发起。例如，饥饿引起食欲素力升高，促发寻食或进食行为；寒冷引起生命欲素力升高，促发了跑步运动行为等。

素力降低可能导致行为的停止或失败，在行为过程中如果主导素份的素力降低并低于行为阈值，则行为就会暂停或失败。例如，某个体为锻炼身体去跑步，跑了一会感觉太累了就不跑了，就是因为跑步引起的躯体不适导致健康欲望下降，进而导致跑步行为停止。

三、素力变化引发亚素行为

素力或素状态的变化会引起大脑的体验反应，并可引起神经系统的多种机能变化和脑外相关器官的机能变化，产生亚素行为。其心理过程是：素力或素状态的快速变化使大脑神经元产生体验反应，同时大脑的基础机能也会因此发生改变，进而再引起其它神经系统及脑外相关器官的机能变化。这些行为包括情绪行为和应激行为，它们都属于亚素行为。

第八节　营素环境与行为取向

环境是心理产品的重要素源，也是心理产品运动变化的外部因素，特定的环境因素必然营造特定的素谱特征，二者之间尽管关系复杂，但仍然存在着显著的因果关系，营素环境是描述环境与素关系的重要概念之一。

一、营素环境

营素环境是指能够导致某些素（些）份素力改变、进而导致某种素序、素势大概率出现的、长期大量的素外相干因素。营素环境的本质是某（些）素份长期大量的定向类素外相干因素和特征类素源，其结果是某些素份基础素值的改变和相应素序、素势的出现以及特征类素份的形成。

（一）营素环境的分类

营素环境可分为利本环境、利群环境、利知环境和利均环境四大类，但由于本体素、群体素、环境素各自又包含众多的素份，所以，同一大类营素环境又存在更具体的差别和分类。例如，同为利群环境，有的是培育爱国情怀的区域类利群环境，有的是推行家庭遵从的血缘类利群环境。

1、利本环境

利本环境是指本体素正相干因素占主导地位的、长期存在会使大多数个体本体素某些素份基础素力增强、进而易于形成本体素相应素份首位的素序和强本（过本）素势的素外相干因素，以及可导致本体素四级素份定向性增加的环境因素。可见利本环境强调的只是有利于本体素素力的增强，并非是有利于个体。例如，商业环境、娱乐环境是利本环境，商人、娱乐界工作者容易形成本体素首素素序和强本势（过本势）素势；再例如，野外生存环境是利本环境，长期存在能使多数个体本体素生存素素力增强，并易于形成本体素首素素序和强本势素势。

本体素的素份是众多的，所以利本环境也存在更具体的类别，也就是说，同是利本环境又可分为生存素利本环境、存在素利本环境、繁衍素利本环境和情素利本环境；甚至还可以进行更具体更精细的分类。例如，上面讲的野外生存环境就是生命欲利本环境，而娱乐环境、长得漂亮则是彰显欲利本环境，商品经济环境则是占有欲、自由欲、平等欲利本环境等等。

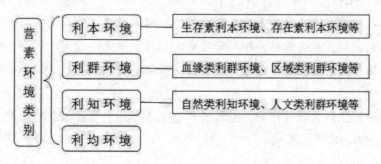

2、利群环境

利群环境是指群体素正相干因素占主导地位的、长期存在会使大多数个体群体素某些素份基础素力增强、进而容易促成群体素相应素份首位素序和强群势（过群势）素势的环境因素，以及可导致某类群体素素宽增加的环境因素。可见利群环境强调的主要是有利于群体素力的增强、群体素宽的增加，并非有利于某类群体。例如，军队环境、司法机构是利群环境，军人和执法人员更容易形成强群势素势，并且能使他们的法律遵从内容增加。利群环境同样也存在众多更具体的类别，例如，血缘类利群环境，职业类利群环境，宗教类利群环境等。

3、利知环境

利知环境是指环境素正相干因素占主导地位的、长期存在会使大多数个体环境素某些素份基础素力增强、进而容易促成环境素首位素序和强知势（过知势）素势的环境因素，以及容易使某类环境素素宽增加的环境因素。可见，利知环境强调的主要是有利于环境素力的增强和素宽的增加，并非有利于某类认知相关事物的存在。例如，教育机构、医院是利知环境，教师、医生更容易形成强知势、过知势素势，并且他们的职业类环境素的素宽也容易增加。利知环境也同样存在更具体的分类，例如，自然类利知环境、人文类利知环境、社会类利知环境等等。

4、利均环境

利均环境是指环境因素中无明确营素差异、既使长期存在也不会因环境因素使大多数个体形成相同或相似素序、素势的环境因素。例如，普通人的相貌，宽松适度的家庭环境等。利均环境的效果是三素素力的大致均衡，它在现实中不是常见环境，所以均分势素势在现实中并不常见。

营素环境具有交错性，也就是说，众多素外相干因素之间常常相互交织互为影响，有大环境又有小环境，有总体环境也有局部环境，同一个体或群体可能有多种营素环境在赋予影响。所以讨论营素环境时也要具体问题具体分析。例如，某中学生，社会环境、生理阶段赋予他的是利本环境，而家庭赋予他的可能是严格管教的利群环境。

（二）营素环境的心理基础

营素环境的本质是某些素份长期大量的正相干因素。当环境中某些素份的正相干因素长期增多时必然导致相关素份素力长时间增强，进而产生增基现象，使这些素份的基础素值上升，并由此出现以这些素份为首素的素序，还会因此呈现相应的素势。

人们重视儿童的成长环境，也常说"近朱者亦，近墨者黑"就是在强调营素环境对人类素谱状态的影响。

（三）营素环境的内容

营素环境的内容既包括自然环境因素，也包括社会环境因素和个体躯体因素。

在自然因素中气候、地理、植被、食物等都可以成为某些素份的营素环境；例如，食物充足的地域，人们基本生存保证容易满足，结果存在素自由欲、平等欲素力容易上升，并由此出现存在素首位的素序和相应素势。

在社会因素中生产力状况、教育、文化、传统、信仰、制度、风气等都可以成为某些素份的营素环境，例如，生产力低下，人们的生存压力增大，生命欲素力就会高升，容易出现以生命欲为首位的素序和强本势素势；再例如，长期接受儒家思想教育，人们的群体素力就会上升，容易形成以某类群体素为首位的素序和强群势素势。人们常说的"一方水土养一方人"就包含有营素环境塑造人群性格和行为取向的道理。

在自我躯体因素中健康状况、容貌也可以成为某些素份的营素环境，例如，某个体长得非常漂亮，这对她来说也是一种利本环境，容易促成以彰显欲、认可欲为首位的素序和强本势素势。再例如，某个体长期有病，则容易形成生命欲首位的素序和强本势素势。

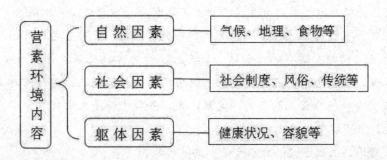

营素环境的效果具有相对性，也就是说，营素环境会使其中大多数个体形成某种素序或素势，但不能保证所有的个体都形成某种相同的素序和素势，这是由营素环境的交叉性、个体环境的差异性和素谱状态的差异性造成的，例如，在封建社会普遍腐败的官场环境中，也总有一部分清廉自律，"出淤泥而不染"的个体。

【延伸】金钱的作用

说到金钱，没有人感到陌生，至于它的作用，人人都能讲出成百上千种，金钱似乎有无穷的魔力。这不仅是经济学的问题，也有心理学的问题。

《心理产品学》认为，金钱的作用有两个方面：一是金钱对行为的助力作用，二是金钱对心理的塑造作用。

金钱对行为的助力作用是巨大的，甚至能左右行为过程、决定行为成败，当今社会，这种助力作用几乎遍及人类生活的各个方面，这也是拜金者被金钱绑架、为金钱卖命的主要原因。金钱的助力作用得益于它具有的间接力源功能，我们知道，人在世上生存是靠行为来支撑的，无论是生存、还是发展，行为都是唯一的手段，而行为的实施是要靠行为力推动的，在经济社会金钱是公认的头号间接行为储备力源，它可以通过经济交换，转换成行为所需的直接动力，并在相应行为中发挥巨大的推动作用，从而使行为易于发展、易于成功。例如，有了金钱就能买到食品，就不会饿死；有了金钱就能买到豪车、大房，满足趋优欲需求；有了金钱就可以买到先进武器打败对手等等。当然，金钱也非万能，不过它的势力范围几近遮天。

金钱对心理的塑造作用常常被人们所忽视，但它依然十分重要。《心理产品学》认为，外界环境的任何因素都可以成为心理的相干因素，长期大量的雷同因素都会营造特定的心理谱系，改变心理结构，塑造人的性格，影响人类行为、甚至改变社会走向。金钱当然也不例外，在金钱充斥的社会里，它所造就的营素环境是不言自明的，由于金钱突出的功能是满足人们的物质需求，所以，它会不断抬高人们的物质欲望，由于金钱能转化为数不清的行为力，所以，人们对它的占有欲望几乎是上不封顶的。

可见，金钱对人类心理的主要作用是不断提升物质欲望、无限助推占有欲望，并由此造就强本素势，甚至出现占有欲凸基现象和过本素势。占有欲凸基现象和过本素势是可怕的，这样的人会因金钱忘德、会为金钱犯罪、甚至为金钱杀人、为金钱卖国，他们忽略了应有的遵从、脱离了社会的轨迹、他们离人类文明越来越远。葛朗台、阿巴贡、夏洛克、泼留希金、严监生都是文学家基于现实生活的形象塑造，并非空穴来风。

金虽有用，执着迷心；欲本天性，偏纵为妖。

二、行为取向

行为取向是某个体某阶段素控行为的类别态势。

行为取向可分为均分行为取向，强本行为取向、强群行为取向、强知行为取向、过本行为取向、过群行为取向、过知行为取向、弱本行为取向、弱群行为取向、弱知行为取向10类，理论上它们与相应的素势互为表里。

三、素势、营素环境、行为取向的关系

素势、营素环境与行为取向间存在着密切的关联。

1、站在行为取向的角度看，素势是行为取向的内在因素，营素环境是行为取向形成的外在因素，二者共同造就了一定的行为取向。

2、站在素势的角度看，营素环境是影响素势变化的重要因素，长期的营素环境势必造就特定的素势，而行为取向是素势的外在表达，这种表达离不开营素环境的参与。

3、站在营素环境的角度看，营素环境是影响素势和行为取向的外在因素，改变营素环境是影响素势和行为取向的重要途径。

4、营素环境、素势、行为取向之间的互动关系有时存在"暂时失联"情况，也就是说，当营素环境改变时，素势和行为取向不可能立即相应变化；当特定因素导致行为取向变化时，素势可能会滞后变化。例如，某新兵刚入伍时是强本素势，通俗地讲他的思想是以自我为中心的，但在军队环境中，他的一举一动都必须按规定执行，这一阶段他的行为取向却是强群行为取向，这是军营环境所造就的，不是他本身素势的表达；一段时间过后，他的群体素会慢慢地增强，他的素势也会逐渐变成强群素势，素势也就与行为取向一致了。

第九节　心理产品的主要作用

心理产品的主要作用有两个方面，一是对大脑机能的提升作用；二是对素控行为的支配作用。

一、心理产品对大脑机能的提升作用

心理产品是大脑机能的产物，但它反过来又以信息资源的形式强化和提升了大脑的机能。

人脑的机能可分为基础机能和增值机能，基础机能是生命物质一定物质成分、物质结构在一定条件下所具有的反应和能力，是所有生命物质都具有的特性，是"刺激—反应"式的应对能力。

增值机能是生物高度发展的结果，是高等动物大脑所具有的、能够利用心理产品不断充实改变内在信息环境，使机能水平循环提升的高级能力。人脑具有世界上最高级的增值机能能力。心理产品既是人脑机能的产物也是人脑增值机能的信息环境，它对人类发展进步具有十分重要的意义，人类正是在不断形成心理产品、不断利用心理产品、不断优化心理产品的基础上使自身不断向前发展的。例如，儿童阶段增值机能相对较弱，他们不能进行复杂的运算、分类、判断等心理操作，这是因为儿童没足够的认知，随着年龄的增长和心理产品的丰富，增值机能的物质结构和信息环境都得到提升，于是他们的心理机能也有了显著提升。心理产品影响大脑增值机能的现象在成人也非常多见，例如，头脑中没有足够的词汇，语言就不可能精准优美；没有法律意识，违法犯罪行为就在所难免。

二、心理产品的行为支配作用

心理产品在素控行为的发起、实施、完成等整个过程中都具有支配作用，它决定行为的动因、目的和方法，尽管行为的成功、顺利与否受多方面因素的影响，但心理产品对素控行为的支配地位是无法撼动的。例如，我们回家这一行为，它的动因和目的通常是由生存素欲望提供的，它的方法、路径、时间选择是由环境素或/和群体素提供的。再例如，由于我们拥有3+5=8的认知，当3+5=？的问题出现时，我们就会做出等于8的回答。

我们把心理产品（素）对素控行为发起、实施、完成等全过程的支配运作称为素对行为的启控，简称行为启控。需要强调的是，这里说的行为是均指素控行为，心理产品对基础机能行为不具支配作用。

第十节　心理产品存在的证据

一、欲望存在的证据

人类的欲望是否存在？它是先天的还是后天的？

我们先看看下面的事例。

事例1：中国有"抓周"的风俗，其方法是：孩子一周岁时，在他（她）的前方放置诸如书、笔、钱币、算盘、公章、化妆品等家长认为有不同寓意、但孩子并不认识的物品，然后根据孩子拿到了什么东西，来预判孩子未来的事业前程。笔者观看了10个婴儿的抓周视频，其结果是：10个婴儿中8人发现前方有许多不认识的小物品时都快速爬（走）过去抓取一件或几件开始把玩，另外2人躲在家长怀里只观察却不敢去抓取；抓取了东西的8个婴儿中有4个很快将东西放在了嘴里。婴儿的这些行为与未来前程有无关系，有什么样的关系，没有人去跟踪观察。但我们感兴趣的是另一个问题：婴儿为什么会有这样的行为？

我们的分析有两点：一是婴儿的认知很少，他们不知道钱能干什么，也不知道笔有什么用，更不知道化妆品是何物，所以他们抓取东西的行为不是认知的引导、也不是对家人要求的遵从，而是来自自身心理产品的指引；二是婴儿刚刚具备了爬行或蹒跚步行的能力，许多语言还不能理解，更没有对这些物品或行为的认知，所以支配他们抓取东西的心理因素并非来自后天，而是来自遗传。

我们的结论是：①人类是存在欲望的，它能指引我们的行为；②人类的欲望先天就存在，后天可塑造。

事例2：笔者曾做过这样一个试验：在休闲公园的路边放置一个用布包裹起来的约1.2米高的纸箱，在远处观察休闲散步者的反应，结果在经过的56人中（不包括不能自己行走的幼儿），53人前去观看或探查，探查行为发生率近95%。

这个事例中我们思考的问题是：导致人们前去探查未知事物的心理因素是什

么？它显然不是认知，因为人们并不知道那东西是什么，也不是遵从，因为没有人要求人们去探查，那么这些行为的心理因素究竟是什么？笔者认为：导致人们好奇、探索行为的心理产品是欲望，是心理产品中的一类。

脑神经科学证实：刺激清醒动物的杏仁核，动物会出现"高度注意"，迷惑、焦虑、恐惧、退缩反应或发怒、攻击等反应。刺激杏仁首端会引起逃避和恐惧，刺激杏仁尾端会引起防御和攻击反应，并伴发瞳孔扩大、竖毛、嗥叫等情绪行为。《心理产品学》认为，杏仁核可能是人类欲望产品、尤其是生命欲、捍卫欲的重要储存场所或运作区域。

人类的欲望有很多种，通过日常观察我们就能察知一二，例如，好的东西大家都想去拥有，危险的情况人人都会躲避，被约束时我们都有自由的渴望等等，其实这些现象在中国古代就有论述，孟子说"恻隐之心，人皆有之；羞恶之心，人皆有之；恭敬之心，人皆有之；是非之心，人皆有之"，荀子认为"性者，天之就也；情者，性之质也"都是对人类欲望的探讨、总结和肯定。

二、认知产品存在的证据

1、环境素的存在有充足的现实证据

正常人都能体会到记忆的存在，正是在这些记忆的指引下，我们才能回家，才能认出自己认识的人；同样也毫不怀疑脑内知识的存在，正是这些知识的存在，我们才能读书、写字、进行物理或数学计算。

当然认知心理产品的内容很多，不仅仅是记忆和脑内知识，还有经验和技能等等。例如，我们学会了驾驶技术，这种技能就储存在我们的大脑之中，当然技能不仅仅是对行为程序的认知和知道，还存在效应器官表达度的因素，这些内容我们以后再讲。

古今中外，人们对认知产品的论述众多，有人说是"知识"，有人说是"才能"，有人说是"学问"，有人说是"经验"…众说纷纭，标准不一，不过有一点是一致的，那就是大家都承认人的头脑中有一种"记录、描述、解读环境的东西"，只不过有的人多一点，有的人少一点。

2、认知产品存在的神经科学证据

认知心理学认为：记忆功能应该是遍布于整个人脑的，但特定记忆及记忆功能似乎与特定区域相关，这些区域一是大脑皮层，通常认为它涉及思维、问题解决和记忆等高级认知活动；二是小脑，它负责调节运动功能和动作记忆；三是海马，它是深藏于两半球之间的一个S形结构，负责加工新异信息并将其传送到大脑皮层的有关部位加以永久存储（认知心理学：第8版／（美）罗伯特·索尔所（Robert L.Solso），（美）奥托·麦克林（Otto H.Maclin），（美）金伯利·麦克林

（M.Kimberly Maclin）著；邵志芳等译．—上海：上海人民出版社，2018）。

临床上的"失忆"病例也间接证明了记忆等心理产品的存在。

从生理学、认知神经科学的观点看，心理产品存在的基础可能是刺激因素造成大脑神经元某些微结构、膜电位等信息相关因素相对持久的改变。

三、遵从心理产品存在的证据

相对于认知心理产品和欲望心理产品，遵从心理产品的存在更为人们所忽视，在很多人看来，这里所说的"遵从"似乎只是一种被迫行为或者是一种"本能"。不过在现实生活中，我们不会否认"道德素质"是存在的，"法纪观念"也是存在的，也都承认"进别人房间前要敲门"、"讲话要文明"、"公共场所不应大声喧哗"等等众多遵从意识就驻留在我们的大脑之中，有的甚至能保留终生，如果我们非要说这些都是刺激反应或者说是一种"本能"未免也太草率了。即便说遵从行为是一种"被迫"、一种"本能"，那么它的背后必然存在心理因素的支配，这种心理因素就是群体素——一种约束和规范行为的心理产品。

群体素的存在还有一个现实证据，那就是群体素的遗留，它是指一部分个体脱离所属的群体后，仍然保留部分或全部该群体行为规范的现象，例如，有的军人退役后仍长时间保留着步伐规范意识、口令服从意识等群体素；再例如，一些移居国外的人仍保留着许多本国的习惯（认可性遵从和融入性遵从的遗留），这些都说明他们的大脑中有遵从心理产品的存在。

群体素还存在神经科学依据，人们已经注意到，当人脑额叶中间部、杏仁核锥体外系、颞叶等部位损伤时会出现情感或精神障碍，其主要特征是性格、精神的改变，例如，由和善、正直变的粗暴无礼、目中无人等。《心理产品学》认为，人类的额叶等部位是欲望心理产品、遵从心理产品储存或功能活动区域，当遵从心理产品（群体素）受到影响时，欲望产品就会因为失去自我约束，或约束机制被弱化而表现出易怒、无礼等行为特征。

从哲学的观点看，遵从产品和欲望产品是心理产品相互制约的两个方面，是矛盾的对立统一，有了欲望的存在就必然要有规范和约束的存在，只不过人类在进化历程中将这种制约机制用心理产品的形式固定于自身，而不是仅仅被动地依靠自然规律的惩戒来实现，可见群体素的存在既有实在性也有必要性和合理性。

【一个病例引发的思考】

1992年，笔者作为见习医生在某医院接触到这样一位病人，他的诊断是"精神分裂症-紧张性木僵型"。

带教老师（医生）把患者领到见习室，让他坐下，示意我可以询问病情。刚开始我并未觉得患者有明显异常，只发现他的表情有些固定、目光有点呆滞，但我问话时，他始终一言不发，我用手在他眼前摆动，也没有明显反应，仔细观察后我发现，他的坐姿也很特别，好象雕塑一样纹丝不动，感觉很僵硬，但检查他的肌肉并没有明显的紧张和痉挛。老师说：这是一位"紧张型木僵患者"，他对外界刺激几乎全无反应，问话不予应答，外部刺激好像都与他无关，但他会对一些指令做出服从，你让他坐下他会坐下，让他站起来他会站起来，让他走他会跟着你走，说完，他对患者说"起来"，患者果真站了起来，老师又说"跟我走!"，于是患者跟着老师回病房去了。

有理由这样解释：这名患者由于某些原因导致本体素、环境素被压制或功能（运动）发生障碍，在相干因素刺激下，本应激发的本体素和环境素都无法被激发，更无法促发行为：馈欲不能激发就不会对问话作出应答，探索欲无法激发就不会对未知事物作出反应，…，事物认知不能被激发也就不认人、不识物，…。

更应该引起我们重视的是：这名患者的部分群体素功能还依然正常，所以，当某些指令性刺激进入大脑时（如站立、行走等指令），他仍会发起遵从行为。这难道不是在告诉我们遵从心理产品的存在吗？

【醉酒者引发的思考】

不知你是否喝醉过，对众多醉过的人来说，当你还没有烂醉如泥、不醒人事之时，酒精首先抑制了你的群体素，于是，不该说的你说了，不该做的你做了，总之，平时的遵从基本上都被你丢弃了，什么风俗、道德、法律，什么老板、领导、长辈，一切都失去了效力；同时，你的本体素却彻底解放了，失去约束的众多欲望赤裸裸地暴露无遗，你会真正放纵自己，你会把自由、平等、彰显、爱、恋、情、仇等欲望活脱脱地用语言或行为表达出来。不过，此时看热闹的人们会惊愕：你表演的究竟是人性还是野性；当然，由于大脑基础机能和增值机能都被酒精所干扰，你会步履蹒跚，你会认错人，你会语无伦次，你会找不到家…。

其实，许多有酒瘾的人，并不是惦记酒精经过咽喉时那热辣的刺激，而是贪恋本体素失去约束时那种无拘无束、无所畏惧的体验，以及众多本体素份被一股脑儿释放时所产生的快感，尽管它为社会所不容、与躯体大无益！

你醉过，就应该知道群体素真的存在，不过群体素的酒量最小，三杯酒下肚它先醉了！酒友们，警惕吧！

四、心理产品存在的行为证据

人类行为千差万别，不过，仔细观察你会发现，若从行为的动因和目的看无非也就三大类：

第一类是缘于自我需求而发起的行为，例如，饥饿了寻找食物，寂寞了找人聊天，看到好的东西自己也去买一件，等等，这类行为是自我欲望驱动的结果，我们称其为欲望行为。

第二类是缘于群体规范和要求而发起的行为，例如，按时上班，红灯禁行，依法纳税，等等，这类行为是群体规范和要求的结果，也是人类遵守和服从的结果，我们称其为遵从行为。

第三类是缘于认知指引而发起的行为，例如，汽车没油了去加油，刮风了关好门窗，知道1+1等于2，等等，这类行为是认知指引的结果，也是环境告知的结果，我们称其为知引行为。

当然，现实中的许多行为都是上述几种动因、目的综合作用的结果，但其本质仍不外乎这三类。

行为不会无缘无故地发生，它背后肯定有心理因素的支配，既然行为在动因上可分为三大类，那么它背后的心理产品肯定也有三类，它们分别是欲望产品，遵从产品和认知产品。

对于心理产品来说，"你怀疑故它存在！"，因为你怀疑的过程正是它支配的表达（探索欲操作的结果）。

从行为反推我们可知，人类心理产品是存在的、它包括欲望产品、遵从产品和认知产品。它们决定人类素控行为的动因、目的和方法，是人类素控行为的支配因素。

【生活实例思考】

2021年暑假，亲戚把他七岁的男孩寄放在我家，小男孩是带着作业来的，他最大的爱好就是看动画片，这在当今中国是再正常不过的事了。一周后的一天下午，我照例提醒他该作作业了，他拿出作业刚写了几分钟就停下来，打开电视准备看动画片，于是有了下面这些对话。

我："你先不要看电视，等今天的作业完成了再看，好不？"

小孩："动画片要开始了，我想看。"

我："学习好了将来能干很多事，甚至自己也能制作动画片，看电视应该给学习让路，对不？"我学着别人的样子做起了说教。

小男孩："我也知道这些，可我的脑海中有两个我，一个让我看电视，一个让我写作业，我不知道该怎么办？还是先看电视吧！"

我被这句话惊住了：也许这是电视节目中的台词片断，但此时他心中肯定有这样的感受，肯定有思想斗争的存在，不然怎么会运用的如此贴切。看来他的大脑中确实有两种心理产品的存在，一个是让他看电视的欲望，另一个是让他学习的认知，并且二者正在发生冲突。

怎么办？我快速地思考着，有了：

我说："那我给你爸打电话了，说你不写作业要看电视！"

小男孩："好好好，别打了，我先写作业！"说着还用鄙视的眼神扫了我一下。

我知道我唤醒了"他心中另一股力量——遵从"，这样就有"三支力量"在处理这个矛盾，一个是要看电视的欲望，一个是要学习的认知，另一个是对家长要求的遵从（自然也是要先写作业了），终于认知和遵从联起手来，二比一，看电视的欲望被成功压制，学习行为实施了！

我在窃喜中觉得自己应该被他鄙视！因为我用卑鄙的手段阻止了他欲望的实现。

【延伸】心理产品存在的现实解读

心理产品和躯体一样都是一个人的特征性标志。

我们认识一个人主要靠两方面的依据，一是他（她）的躯体特征，如身高、体型、五官面貌等，二是他（她）的素谱特征（心理产品特征），也就是一个人的素势、素序、素宽、素份等素谱状态，只不过素谱特征无法直接外现，它需要通过行为向外界展示，如行为取向、动作习惯、行为选择等都是素谱特征的表达。

我们经常遇到这样的情况：某件事过后，常有人说"我终于认清了某人"，这里说的认清某人，并不是指他的躯体、面貌特征，而是他的素特征，是他的素势、素序等素谱状态，例如，甲是一个只考虑自己的人，乙是一个把金钱看得比友情更重要的人等等，其实质是：甲是一个拥有过本势素势的人，乙是一个占有欲强于情素的人。

其实，人们一直都很重视一个人的心理特征，例如，招聘员工时，除了要体检、面试外，还要有笔试和试用期，笔试和试用期就是要了解一个人的素谱特征，通过笔试能基本测试出一个人的某方面环境素的素宽或素深（知识水平），试用期则能大致了解一个人的素势、素序以及行为表达度情况（能否正确处理工作与生活矛盾、能否遵纪守规、动手能力如何等等），毕竟素是行为的支配因素，在实际工作中一个人的素特征往往比躯体特征更重要。

相比于躯体特征，素特征的了解是困难的，因为素是储存在大脑内的心理信息，我们无法用常规的物理方法进行度量。不过，办法还是有的，因为行为是素状态的外在表达，素状态是行为的内在本质，人们可以利用"行为"这一外在形式了解素的大致情况，例如，利用考试来测试一个人某方面环境素（知识）情况，利用行为观察来了解一人的素势、素序等素谱特征。

可见，心理产品是存在的，只不过它并不直观。

五、素存在的自我察知

素是由人脑心理机能形成的、存在于大脑神经元内的相对稳定的心理信息，我们既能从行为中反推它的存在，也能从自身体验中察知它的存在。

本体素方面：未知事物出现时，人们内心激起的探求冲动就是"探索欲"躁动的结果；美好东西出现时，我们内心激起的拥有渴望就是"趋优欲""占有欲"蠕动的结果；弱小可怜的人或动物出现时，人们内心涌起的同情就是"悯欲"操纵的结果，…，细心体会，我们能对自身的许多本体素份都有所察知。

群体素方面：当收到上级的指令时我们内心那种坚定的"服从"就是指令性遵从作用的结果；当相互问好时我们内心的那种"应该"就是融入性遵从的使然；当我们为祖国挺身而出时内心的"理所当然"就是认可性遵从的作用…。

环境素的察知更加明确，当看到一道数学题时我们知道如何作答，当看到一辆汽车时我们知道如何驾驶，当看到水沸腾时我们知道它很热，…，这些都是环境素存在的明证。

当然，素作为人类的心理信息，相对来说它是隐含的、模糊的，它无声无息，不能直观感知，也不像身体的血肉这样"触手可及"，但它们却真实存在于人类大脑之中。

第二章　心理产品的源头

　　心理产品不是凭空产生的，它是以进入大脑的环境信息和基因信息为基础，经人脑机能加工而成的心理信息。我们把心理产品的信息源头叫素源。

　　心理产品中也有人脑设定和创造的成分，但这些内容也是在素源信息基础上的提炼、升华和扩展，它们脱不开素源信息的土壤和积淀，没有素源信息的存在心理产品将成为无本之木、无源之水。

　　心理产品的源头有两个方面，一是遗传信息（基因信息），它是心理产品的先天素源，二是环境信息，它是心理产品的后天素源。从人类社会的整体看，基因担负着人类先天信息的储存和传递功能，人类的教育行为承担着后天信息的积累和延续功能，这是人类最幸运和最值得骄傲两个方面。

第一节　信息概述

　　心理是人脑对信息处理的过程，我们有必要对信息相关的概念作一简要讲述。

一、信息的概念及分类

（一）信息的概念

　　信息是宇宙间一切存在、变化、属性的表达，是信息传输和处理的对象。时间是最基本的过程信息，空间是最基本的存在信息，数是最基本的量化信息，特征是各自的属性信息。例如，某事物所处的时间、空间、数量、特征等都是它的信息。

（二）信息的存在形式与存在分类

　　信息有两种存在形式，即源存形式和载存形式。

源存形式是指事物存在、变化、属性的自身表达形式。例如，物体本身固有的形状、硬度、颜色等属性信息都是源存形式。

载存形式是指源信息被拷贝读取后被其它媒介携带、储存时的形式。例如，颜色信息可以被光波携带、被记忆储存，语义信息可以被语言携带、被文字储存，此时它们的存在形式是载存形式。

根据信息的存在形式可将信息分为源信息和载存信息两大类。

1、源信息

源信息是处于源存形式的信息，它们都是单纯信息。事物的源信息无法被剥夺和消灭，但可以被读取、拷贝、传递和改变，这也是事物可以无穷分割的原因。

2、载存信息

载存信息是处于载存形式的信息，载存信息都是复合信息，因为它们和载体自身的信息捆绑在一起。心理产品信息都是载存信息，它们的载体是生物电信息或神经元微结构。

信息的存在形式及存在分类

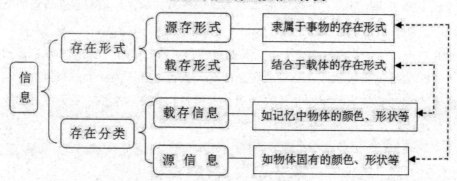

载存信息可以被分解，这里说的分解不是信息与载体的分离，而是信息与源事物关联的分割。例如，数是量信息的分解产物，色是颜色信息的分解产物。信息分解是人脑特有的增值机能，是人类智慧的重要体现之一，由此也使人类科技取得了重大的突破，例如量信息的分解产生了数学；空间信息的分解产生了几何学等等。

对同一信息来说，载存信息来自源信息，但不一定等于源信息，它们之间的差异叫源载差异，造成源载差异的原因是多方面的，既有表达的原因也有载体、传递的原因。例如，红光下物体的颜色就不是它本来的颜色；在放大镜下物体的大小也不是它本来的大小，人类录制的鸟鸣不同于真正的鸟鸣等等。

（三）信息的传递方式

对于人类来说，信息的传递方式有两种，一种是直接传递，另一种是载体传递。

直接传递是事物的信息直接被另一事物接收、不需要载体媒介的传递方式。例如，物体的硬度，人们可以通过触摸感受接收；再例如，加速度信息，人类也能直接感受接收。

载体传递是必须有中间媒介参与的信息传递方式。例如，物体的颜色信息必须经过可见光才能传递；语义信息必须经语言才能传递。载体传递方式又分为单层载体传递和多层载体传递。

信息的传递方式

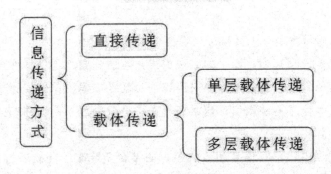

单层载体传递是指信息从一个事物传递到另一个事物只需要一种媒介参与的传递方式。例如，物体颜色信息传递给人类的过程就是由可见光承担的单层载体传递。

多层载体传递是指信息从一个事物传递到另一个事物需要一种以上媒介参与的传递方式。例如，字义信息需要经过文字载体和可见光载体才能被人类接收；语义信息需要经过语言载体和声音载体才能在人类间进行传递；电话语音信息需要经过声音载体、无线电波载体、声波信息才能在人类间远距离传递。多层载体传递的信息往往需要多次分离才能得到最终信息，基因信息中的心理信息传递就需要三次表达才能完成。

二、信息载体

信息的传播和源外储存必须借助信息载体才能完成，信息载体是信息传播或储存的媒介，例如，语言是语义信息的载体，文字是文义的载体、可见光是颜色信息的载体等等。

（一）载体的种类

信息载体有自然载体也有人造载体，自然载体如可见光、声波等，人造载体则种类众多，它包括语言、文字、图画、手势、密码等。

人类心理活动常用的信息载体有可见光、声音、语言、文字、神经冲动、神经元、行为、表情等。其中可见光、声音、神经冲动、文字、行为等是主要的传播载体，而神经元、文字、图画、影视资料是主要的储存载体，当然它们之间没有严格的界限。

（二）工具信息与装载信息

载体自身也有信息存在，例如"冷"字，它携带的信息是温度感觉信息，而它自身的信息是其大小、笔画、颜色等内容。我们把载体自身的信息叫工具信息，把它所装载的信息叫装载信息，装载信息就是载存信息，只不过装载信息更多地用于某信息或某个过程，载存信息多指信息类型。而人们平时讲的信息往往是指装载信息。

装载信息通常就是靠工具信息来隐含表达的。例如，舞蹈是舞曲含义的载体，它的工具信息是舞蹈行为，而它的装载信息是舞曲含义，不过舞曲含义正是靠舞蹈行为来表达的；再例如，电话中的语音信息就是靠电磁信号的频率或波幅来表达的。可见工具信息与装载信息通常有着密不可分的联系，但它们又存在明显的区别。

在心理过程中，工具信息和装载信息的结合是靠大脑的赋予机能来实现的，工具信息和载体信息的分离是靠大脑的分离机能实现的。例如，我们把"云层中水分凝结降落的过程"赋予给"下雨"这个词，于是"下雨"这个词就成了载体，它装载了"云层中水分凝结降落这一过程"的信息；再例如，我们看到"商店"这个词，大脑能把这个词和它所装载的"售卖商品的房屋"这两个信息分离开来。

三、信息强度

信息强度是信息自身清晰度和载体信息强度的综合，信息自身清晰度是事物本身存在/变化表达的程度，载体信息的强度主要是它的能量强度。例如，对于变化信息而言，变化慢且幅度小的信息强度弱，变化快且幅度大的信息强度高等等；再例如，人们讲的"手机信号弱"往往就是指无线电信息弱，是工具信息弱，如果是对方声音太小，则是装载信息弱。可见对于载存信息而言，工具信息和装载信息对信息强度都具有重要影响。在人的心理过程中工具信息强度和装载信息强度对行为发起都有重要影响。

在心理产品中信息强度用素力来表示，它是心理产品工具信息与装载信息强度的综合。行为的促发过程中，装载信息和工具信息同样重要。

第二节 本体素的先天素源——基因

遗传学认为，基因是DNA（脱氧核糖核酸）分子上具有遗传效应的特定核苷酸序列的总称，是具有遗传效应的DNA分子片段。从信息的角度看，基因是人类信息的跨代传递者，是个体先天信息的唯一来源，也是遗传信息的载体。不过人们平时讲的基因信息多指它的装载信息，亦即遗传信息，它本身的结构信息更多的是遗传学家们关注的对象，当然它们之间是紧密关联的。

基因的工具信息是位于染色体上呈线性排列的碱基对。人类基因组由23对染色体组成，其中22对是体染色体、还有一对性染色体，这些基因含有约30亿个DNA碱基对，这些都属于遗传信息的工具信息。基因所承载的信息就藏在碱基对的不同序列中。基因不仅可以通过复制、转录把遗传信息传递给下一代，还可以使遗传信息得到表达。

遗传信息在生物性状方面的表达是通过基因控制蛋白质的合成完成的，它决定人类躯体的形态、结构、成分等特征，使人类既能在大致结构上保持一致，又能在细节上保持差异，并由此造就了全人类在形态结构上的一致性和不同个体、不同种族在毛发、肤色、眼睛、鼻子等方面的差异性。

基因携带的遗传信息还能影响躯体器官的机能，这是通过结构的差异实现的，是机能属性定律的应用。先天因素是造成不同个体间器官功能差异的重要因素之一，这已是不争的事实，现实生活中有的人智力超众，过目不忘；有的人酒量惊人，数斤不醉，这些都是某些器官功能出众的表达，虽然他们都是少数，但确实在人群中存在。

心理学家认为基因不仅能传递生物性状信息，还能传递心理框架信息，是影响人类性格、行为趋向的先天因素。基因信息影响心理的推测过程是：通过控制蛋白质的合成来规划不同神经元的结构、尤其是细胞生物膜系统的结构，进而影响生物膜的通透性，并能影响相关载体或酶的能力，使不同离子通过细胞生物膜的速度、数量、种类得以控制，最终影响膜电位、易激性、信息传导等机能要素，而这些因素正是人类心理活动的重要依赖，甚至就是某些倾向和能力的造就者。

基因信息中的心理信息成分要成为心理产品信息需要三次表达，第一次是结构信息的表达，即将基因信息表达为蛋白质结构，第二次是生物电信息的表达，即将结构储藏的生物电信息倾向表达为生物电信息的差异，当然这两次表达都不是由心理机能实现的，第三次表达是心理信息的表达，即将生物电信息表达为欲望信息，这次表达是由大脑的心理机能实现的。

基因信息-欲望产品的路径

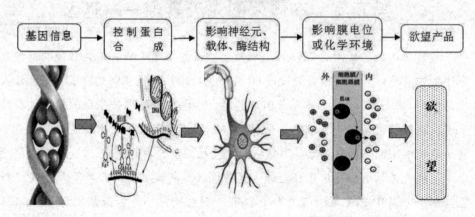

虽然这些过程尚属推论，还没有确凿系统的实验予以证明，但基因能影响心理活动的零星证据还是存在的。加州大学洛杉矶分校的大脑图谱研究人员创造出显示个体基因如何影响他们大脑结构和智力水平的图像。这项发现发表于2001年11月5日的《自然神经科学》（Nature Neuroscience）杂志上，他们的研究为遗传信息影响人类性格提供了证据。

有人利用同卵双胞胎基因相同的特点，通过不同环境的筛选来间接证明遗传信息对性格的影响。

【寻证】同卵双胞胎在遗传信息上是相同的，如果将同卵双胞胎从小分开抚养，使他们所处的后天生活环境不同，如果他们长大后的性格出现明显差异，说明后天因素对人的性格影响更大，反之，若双方的性格依然十分相近，则说明遗传对性格的影响更大。2001年8月8日中央电视台（《双胞胎的秘密》）报导如下案例，对我们理解这一问题或许有些帮助。

美国有一对双胞胎——贝丝和埃米，她们刚出生几个月就被分开抚养了，心理学家对她们的生活环境和性格进行了持续十多年的隐密跟踪研究。

埃米的收养家庭比较贫穷，养母情绪易波动，处事缺少条理，爱责备人，他们夫妇都认为埃米很粘人，不好带。埃米的性格逐渐表现出内向和胆怯，她常常做噩梦，还尿床，后来又出现了严重的学习障碍。大家似乎都认为，埃米的性格与家庭生活环境有密切关系，她的性格完全是后天因素造成的，如果她的养父母更慈爱一些，对她多关心一些，她的性格完全不会是这样。然而，贝丝的情况却给这些观点予以了反击。

收养贝丝的家庭很富足，养父母也很慈善，对贝丝更是爱护有加，他们对贝丝总是赞不绝口。贝丝的成长环境与埃米显然不同，但她却与埃米一样烦恼不安，整日都郁郁不乐。这使心理学家不得不考虑基因对性格的重要作用：性格的根源在基因里，环境能影响它，却不能完全改变它。

遗传信息经人脑解读加工后的心理信息究竟是什么？这些问题曾被人们努力地探讨过，也曾引发出"先验知识"是否存在的哲学界争论。《心理产品》学认为，遗传信息中的心理信息成分无法表达为认知也不会形成记忆，而是形成了欲望心理产品，它是影响人类心理活动的重要信息成分之一，也是影响人类先天性格的重要因素，同时，《心理产品学》也承认"本能尺度"的存在，虽然把"本能尺度"定为先验知识有些牵强，但也并非毫无道理，关于本能尺度的内容我们将在《素学尺度》章节中讲述。

第三节　环境素的素源——环境

环境素是人类的认知心理产品，它的源头是能够刺激大脑形成认知的所有环境信息，人类生存、生活的环境就是提供这些信息的素源。

一、环境信息的从属类别

根据环境信息的从属关系可将环境信息分为事物类信息、现象类信息和行为类信息。

1、事物类信息

事物类信息是指环境中一切事物所表达的特征属性信息，如，树木、花草、鸟兽、山、石、日、月等它们所表达的数量、大小、颜色、气味、硬度等都属于事物类信息。

2、现象类信息

现象类信息是指环境中一切现象所呈现的信息，如，风，潮、雷、电、光、雨、地震、动植物的生长、繁殖、捕食等所呈现的信息都是现象类信息。

3、行为类信息

行为类信息是指人类社会一切活动、行为所呈现出来的信息，如，战争、耕种、工具制作、语言交流、经济活动等所呈现出来的信息都属于行为类信息。

环境信息的从属分类具有方便易懂的特点，但不能体现信息本身的特征。

二、环境信息的特征类别

根据环境信息自身的特征，可将环境信息分为显征信息、隐征信息和溶藏信息三类。

1、显征信息

显征信息是指人类通过感觉器官能相对直接地获取的环境信息。例如自然界万事万物的大小、形状、颜色、温度、硬度，运动变化过程、人类行为表象等都是显征环境信息。它们都能被人类的感觉器官感知、捕获，并能通过感官途径将信息传入大脑，供大脑加工和利用。

显征信息进入人的大脑后大多能形成清晰具体的感觉和知觉，并能通过心理活动形成显征认知。

2、隐征信息

隐征信息是指无法被人类感觉器官直接获取、但可借助工具、现象、行为得以察知获取的环境信息。例如，电磁波、磁场、红外线、超声波等都属于隐征信息。

隐征信息往往缺少清晰的感觉和知觉，它们经过相应心理过程后可形成隐征认知。隐征认知在人类的知觉中往往缺少形象具体的特征。

3、溶藏信息

溶藏信息是指隐藏在现象、行为、过程或众多信息之中、没有显征也没有隐征的环境信息。例如，量的概念、时间、空间、速度、动植物生长规律等都属于溶藏信息。

三、环境素源的学科分类

按照学科分类的方法可以将环境素源分为自然环境素源、社会环境素源、人文环境素源三大类。环境素源的学科分类能够比较清晰地标定环境素源的范围和内在联系，是《心理产品学》常用的环境素源分类方法。

1、自然环境素源

自然环境素源包括自然界所有的一切，只要是人类在自然界能接触到、感知到的都是自然类环境素源。它既包括自然事物、现象，也包括人们对自然事物、现象的认知经验（知识），它涵盖数学、物理学、化学、天文学、地理学、生物学等学科研究的对象、内容和成果。

2、社会环境素源

社会环境素源涵盖经济学、政治学、行政学、军事学、法学、犯罪学、伦理学、社会学、教育学、管理学、公共关系学、新闻传播学、人类学、民族学、民俗学等学科所研究的对象、内容和成果。

3、人文环境素源

人文环境素源包括：语言学、文学、历史学、哲学、宗教学、神学、考古学、艺术学等学科研究的对象、内容和成果。

知识是环境素的体外形式，是人类心理产品的体外描述和记录。因此知识的内容可以涵盖人们已经认知的一切，世间存在的、人类创造、臆造和推测的内容都可以经人类认知、描述或记录成为知识。知识和环境素的外延几乎是一样的，绝大多数环境素都可以成为知识，但也有例外，有时某些事物的认知只有实践者自己能体验却无法向外表达，这是"只可意会不可言传"的东西，它只能是认知心理产品却无法成为知识。

不能混淆环境素与知识的概念，环境素是储存在人脑之中的用来记录、解读环境的心理信息，知识是环境素的体外记录表达形式，它们一个在人的大脑之中，一个在人的大脑之外。环境素在体外记录、表达时就成为知识，知识经人脑吸收、加工、储存后又成为环境素。知识可以在不同个体间传递、在体外积累、整合，但环境素不可以。不过，生活中人们也常常把环境素称为脑内知识。

第四节　群体素的素源——人类社会群体

社会是人类生存、生活的特殊环境，随着人类的进步和发展，社会环境对人类自身的影响也越来越大，目前，社会环境和自然环境对人类的影响几乎平分秋色。

很多时候，自然环境和社会环境已无法截然分开，人类创造（改造）的物质、能量成分和信息已经成为人类生存生活的重要环境因素，它们对人类生存生活的影响也越来越大，不过这些物质、能量、信息成分在人类心理活动中的结果仍然是认知，仍然是对这个世界的认识和知道，从这点来讲社会环境中的物质、能量、信息成分和自然环境并没有本质区别，所以我们仍然把它们看成心理产品的环境素源。

在人类社会的众多因素中有一类因素给人类心理活动的影响与众不同，那就是群体中的约束和规范信息，它们给人类心理促成的不仅是认知，更是对自我行为的约束和规范，是对群体的遵守和服从，我们把这种本质是遵守和服从的心理产品称做群体素，把能够促成人类形成群体素的约束规范信息视为群体素的源头信息，把能够提供这些信息的群体视为群体素的素源。

可见，群体中的行为约束和规范信息才是形成群体素的有效源头信息，其它如群体结构、群体产物、群体行为等不能促成人们形成群体素的内容，仍是环境素的源头信息。

群体是人类社会的基本结构形式，是促使人类形成行为遵从的信息源泉。人类能从万物中脱颖而出，群体发挥了不可替代的作用。可以说群体为人类的生存、发展以及成为地球精灵提供了组织上、形式上的准备和可能。

人类之所以要以群体为基本生存形式，主要是环境适应的结果，群体是个体的有效集合，是力量的汇聚，面对残酷多变的环境，单个个体很难长期生存和持续发展，只有以群体的方式聚集必要的力量，生存和发展才有可能，再者，人类的行为越来越宏大复杂，必须在群体的统筹下才能实施，由此，群体对人类来说由需要变成了必须。群体对人类的重要性还在于：群体是人类知识的积累者、储存者和传递者。人类之所以能成为地球上的顶级精灵，与人类拥有丰富的环境素认知（知识）有密切关系，而丰富的环境素认知是靠人类群体长期的实践、积累、储存和代代传承实现的，如果没有庞大、复杂的人类群体，我们就不可能拥有如此丰富的环境素认知，也就不可能成为地球精灵。

在《心理产品学》中我们不去研究群体形成的原因和发展历史，重点探讨群体的构成以及群体对人类心理产品之一——群体素的影响。

一、群体的概念及要素

（一）群体的概念

群体是人类生存和发展的基本结构组合形式，是在相同相关因素关联下，以群规则为基本手段围绕群核心而结成的多个体集合。可见一个群体通常由四部分组成，即：相同相关因素、群核心、群规则和群成员。

（二）群体要素

群体要素是群体存在的必备条件，它主要包括以下四个方面：

1、相同相关因素

相同相关因素是群体的外在标志，是群成员共同具备的相同或相似特征，它在一定程度上影响群体的范围、大小和性质，是群成员形成认可性遵从的因素之一，相同相关因素主要包括血缘因素、职业因素、地域因素、认知因素等，由此我们将人类的群体分成血缘群体、职业群体、区域群体和认知群体四大类。

2、群核心

群核心是群体存在的理由和围绕，是认可性群体素形成的对象和基石，它包括认知核心和实体核心两部分。认知核心是一个或多个认知或认知体系，是群存在的认知（理论）围绕，认知核心往往是对群存在、群目标、群性质等内容的定义或确立。实体核心是认知核心的承载者、代言者、实践者、群行为的领航者、群力量的掌控者，实体核心是人类的个体或群体。

3、群规则

群规则是群体及其成员的行为规范，是群核心与群成员关联的手段，是群体生存、发展、稳定的保证，群规则对群成员具有约束性，是形成指令性遵从和融入性遵从的重要因素。

群规则包括显性群规则和隐性群规则，显性群规则包括法律、制度、政策、纪律、规定、指令等有明确表述和明确奖惩措施的行为规范。隐性群规则包括风俗、习惯、道德、惯例等无明确表述，有或无明确奖惩措施的行为规范。

群规则之所以能促使群成员形成群体素，是由于群规则对群成员本体素欲望的实现具有重要的影响作用，对群成员来说，群规则既可以扶助欲望的满足又可以阻止欲望的实现。通俗地讲就是"遵从群规则欲望容易满足，不遵从群规则欲望难以满足"，其实质是群核心对群成员本体素的控制和利用。

4、群成员

群成员是隶属于群体的个体，是群体的主体和根本。群成员可分为真成员、类成员和客成员三类。

真成员是指对群核心认可度高，对群规则遵从性强，且被群规则形式上承认的群内个体。

类成员是指对群核心认可度低或不全面，对群规则遵守性差或不遵守，但被群规则形式上承认的成员。

客成员是指临时进入群体的个体，客成员的成员身份往往具有时间性和限定性。

一般来说，群体对三类群成员都具有约束性，但他们所形成的群体素则是有差异的，通常情况下真成员的群体素最强，类成员的群体素较低，客成员的群体素更低。真成员对群的稳定具有支柱作用，类成员对群的稳定具有辅助作用。例如，对于国家群来说，遵纪守法的公民是真成员，违法乱纪、不认可国家政策的公民是类成员，临时到该国学习、工作、旅游的个体是客成员。

（三）群体的类别

按照群体的结构特征可将群体分为以下几类：

1、真群

真群是指相同相关因素明确，群核心完善，群规则健全有力，群成员群体素强的群体。

2、类群

类群是指群要素不完善、稳固度低的群体，类群往往存在相同相关因素含糊、群核心模糊、脆弱、认可度低，群规则软弱无力，群成员群体素低等不完善因素。例如：国家是真群，联合国是类群；军队是真群，临时执行某项任务的小组是类群；犯罪组织是真群，犯罪团伙是类群；临时性旅游团是类群等。

3、自定群

自定群是指个体自愿遵从于某个体或群体而形成的类似于群的结构。自定群往往缺少相同相关因素，没有明确的群规则，群核心也常常只是简单的信条和少数个体，但自定群可以有较强的认可性遵从。例如，某个体对某人非常认可，惟命是从，自愿遵从其指令和安排，这两名个体就形成了一个自定群。当然自定群也可以有众多成员。

对群成员来讲，加入类群、真群和自定群都能形成群体素，但类群促成的群体素内容易变，素力弱、稳固性差，真群促成的群体素相对稳固持久，素力强，自定群形成的群体素较强，但往往比较局限和狭隘。

4、人类群

人类群是预设概念，是指未来形成的全人类群体，类似于目前人们说的全人类，这是人类发展的趋势，当全人类逐渐形成一个共同认可的认知核心，并制定出必要的群规则时人类群也就逐步形成了，人类群基于的共同因素是区域（同住一个星球）和形态（人体），是人类未来区别于外星人的外在特征，人类群的形成对人类的发展是必要的。目前的联合国等国际组织是这方面的努力和尝试，但目前这些机构还不是真正的人类群，至多是具有人类群趋势的类群。

5、强制群

强制群是指某些个体或群体以强制手段将另一些个体或群体强行整合在一起的多个体组合。例如，监狱内的犯人群体；黑社会组织强行控制的一群人等。

强制群不是真正意义上的群体，它缺少真正的群核心，但它也能使其成员在一定程度上产生群体素，并存在向真群转化的倾向。强制群成员的群体素首先是指令性群体素，是群成员为保证基本生存素需求长期被迫遵从的结果。

6、类

类是人们对具有相同或相关特征的多个体称谓，例如工人、农民、学生、小孩、成人等。类只有相同或相关因素但不具备群的其它要素，所以其不能形成群体素，但类成员常常也具有某些类似的行为特征，不过这些行为特征往往与群体素关系不大。

二、群体的趋分性

群体的趋分性是缘于群体结构和素特征所导致的群体逐渐向分解方向发展的潜在特性。它是推动群体发展、消亡的内在因素，也是影响群体稳定性的重要内因。群体趋分性的心理因素是：群体是由众多人类个体组成的，而每个个体都包含活跃分散的本体素心理成分。群体的趋分性主要表现为两个方面，一是核心趋分性，二是心本分趋分性。

（一）核心趋分性

核心趋分性是指群体认知核心与实体核心目的不一、趋向分离的潜在趋势，它的现实特征是实体核心脱离认知核心方向，导致二者目的不一致的状态。

核心趋分性产生的原因有两点，一是群体的结构因素，群核心都包括认知核心和实体核心两部分，这为核心趋分性造就了可能；二是实体核心的本质是人，人都有本体素，本体素的素向是指向个体的，这为核心分离暗藏了动力。

核心趋分性步入现实，导致群体行为脱离认知核心根本方向的现象叫核心分离现象。例如，民国时期，三民主义是其认知核心，但国民党政府的实际行为目的却是为了维护少数集团利益，这种现象就是核心分离现象，民众称其为"挂羊头卖狗肉"。核心分离现象之所以会出现，一方面是由于群体分离性的存在；另一方面是实体核心自身群体素力的减弱。

（二）本心趋分性

本心趋分性是指群核心的素目的与群成员的素目的不一致的潜在特性。也就是群核心的强势素向与群成员的强势素向不一致的潜在特性。

本心趋分性存在的主要原因是：群核心的主导素向是群体利益方向，而群成员的主导素向既有群体利益方向又有自我利益素向，当群成员群体素力减弱，本体素向强势时，这种分离趋势就会表现出来。

当本心趋分性步入现实，出现群核心目的与多数群成员目的不一致的现象叫本心分离现象。例如，清王朝后期，统治阶级只是为了自己的享乐，而普通百姓只是为了能活命，这就是本心分离现象。

群体趋分性是群体走向衰亡的内在因素，核心分离现象与本心分离现象是群体走向衰亡的过程和事实。

三、影响群体稳固的因素

群体的稳固性对群体的存在和发展具有十分重要的意义，影响群体稳固的因素有以下几点：

1、群核心的合理性

认知核心的合理性是指核心认知要符合时代要求，具有时代的正确性和需要性，换句话说"核心认知要具有科学性、先进性、可行性和必要性"，这是接纳和凝聚更多群成员、取得群成员认可、形成认可性遵从的需要，也是保证群体不被时代抛弃的需要。

实体核心作为认知核心的承载者、代言者，其合理性是指实体核心要有认知核心的承认和承载能力，并得到多数成员的认可。例如，中国历史上的农民起义，大多都提出"替天行道"、"遵天意"等口号，也往往把自己标榜为"神授的"、"正统的"等等，前者是表明他们所承载和秉承的认知核心是"天道""天意"，是正确的、合理的、不容质疑的，后者是表明自己作为实体核心的正确性和合理性。

2、群核心的凝聚力

对群体来讲，凝聚力就是吸引力，是能够满足群成员本体素需求的承认和能力，是吸引更多成员和稳固群体的重要因素之一。例如，太平天国运动提出的"耕者有其田"，孙中山提出的"三民主义"，都是从不同角度宣示他们要满足人们的本体素欲望，从而获得凝聚力。

对于群成员来说，凝聚力就是向心力，是遵从，是群体素。

3、群规则的适度性

群规则是把双刃剑，一方面它能够促使群成员形成指令性遵从，产生整合效应，将分散的本体素源动力形成统一的群合力，另一方面它具有约束性和强制性，会压制和阻止群成员的部分本体素素力，当约束超过一定限度就会激发本体素的抗拒性，弱化群成员的认可性遵从，降低群体素的认同度，进而涣散凝聚力。

群规则的适度性表现在约束的强度和约束的素份两方面，首先不能忽略本体素的基础性，其次不能长期施以过强的强制性，也不能持久不变地助、阻本体素的固定素份。

4、群体趋分性

群体趋分性是影响群体稳定的重要因素，无论是核心趋分性还是本心趋分性，一旦它们步入现实，群核心就会失去凝聚力，群成员就会失去向心力，群体会因此丧失生命力和发展能力，群体稳定将无从谈起。

认知核心是一个群体的方向指引和核心围绕，实体核心是认知核心的承载者、实践者、群行为的领航者、群力量的掌控者，二者的一致是核心意志付诸于行为的保证，二者的分离必然导致群成员群体素力的降低和方向的混乱，进而影响群的稳固性，直至群体的消亡。

群成员是群体的根本，群核心是群体的围绕，一旦出现本心分离，群核心将被抛弃，凝聚力将不复存在，向心力消散甚至转向成为离心力，群体必将走向衰亡。

5、群体的失约束风险

群体的力量是强大的，群体一旦失去约束，其危害要比个体失约束大的多，群体失约束分为两种情况，一是认知核心失约束，是指认知核心背离人类的生存发展原则，失去了原则约束，例如，恐怖组织的认知核心就是背离人类生存发展原则、失去原则约束的，其危害和风险是巨大的；二是实体核心失约束，实体核心是群力量的承载者和掌控者，虽然说实体核心与认知核心的分离会使群体稳定性降低并最终会导致实体核心被遗弃和替代，但在此过程期间仍会给人类的生存和发展带来巨大的风险，这就是实体核心失约束风险。历史上暴君残害民众的例子举不胜举，违背认知核心发动战争给人类造成灾难的事例也不是个案，所以群体失约束风险是应该引起人们警惕和防范的。

三、常见的群体素源

依据群体相同相关因素的差异将群体分为以下四类，也就是四类群体素源。

1、血缘群体

血缘群体是以血缘关系为相同相关因素，以血缘传承、群体生存、群体安全和群体发展为认知核心，以家庭或家族规则为群规则的群体。血缘群体中，"家庭"是当今社会最基础、最普遍的群体。

2、职业群体

职业群体是以相同相关的职业需求为相同相关因素，以一定行为目标（生产、经营、服务等）为认知核心，以组织、发起、领导的人类实体为实体核心，以纪律、制度为群规则的群体。如企业群、单位群等。

3、区域群体

区域群体是以一定地理或文化区域为相同相关因素，以某些认知、文化、习俗为认知核心，以代表认知核心的实体为实体核心，以法规制度为群规则的多个体集合。常见的区域群体有国家、地区等。

4、认知群体

认知群体是以拥有某方面相同的认知为共同因素，以相同的认知目标为认知核心，以代表认知核心的实体为实体核心，以纪律、教规等为群规则而结成的群体。如党派、宗教等。

第三章　人脑的心理机能

心理是人脑的机能，心理产品是人脑机能的产物，要探究心理产品就必须先弄清人脑的机能。人脑的机能众多，这里我们只讨论与心理和素控行为有关的人脑机能，其它如躯体发育、生命维持等方面的机能是生理学讨论的内容，这里不作讨论。

第一节　机能概述

一、机能的概念

机能是生命物质中，特定物质成分和物质结构在一定环境条件下所具有的特性和能力。例如，正常受过精的鸡蛋在 35 至 40 摄氏度 21 天能乳化出小鸡，正常红细胞在血液循环中能携带输送氧气，正常神经纤维在生命存活条件下能传递神经冲动等，这些都是它们各自的机能。

属性是非生命物质中，特定物质成分和物质结构在一定环境条件下所具有的性质和特征。例如，水在一个大气压、0℃以下时是固态，碳原子在特定结构下能形成金刚石等等，非生命物质的属性不是心理学关注的重点。

二、机能的特性

机能是生命物质组合（包括成分与结构）与环境条件相结合的产物，是自然规律赋予生命物质组合在一定条件下的特性，是宇宙规律在生命物质（包括人）中的体现，是普遍规律的具体化，是一种程式的变化能力。例如，正常的肌纤维在受到刺激时就能收缩，结构正常的眼睛在生命存活、有可见光的条件下就能产生视觉神经冲动，结构正常的心脏在生命存活的条件能够有节律地收缩等等。

机能有两方面的特性。

（一）机能的上限性

机能的上限性是指一定结构的生命物质其能力不是无限而是有限的特性，这种上限性既缘于物质及其结构的支撑，也缘于时间、环境等外部因素的约束；我们平时讲的"一个人的能力是有限的"就是说明机能的上限性。例如，心肌细胞具有自律性，但它的收缩频率通常不能超过150次/分钟。机能的上限性是人类正确认识人类自身能力的重要依据。

（二）机能的提高性

机能的提高性是指生命物质的机能可以通过一定的手段得以提高的特性，这种提高性既缘于物质结构的合理化，也缘于对时间、环境等外部条件的适应和改进。例如，一个人开始只能搬动50公斤的物体，经过一段时间的锻炼他能搬动80公斤的物体。机能的提高性是人类通过锻炼增强体质、提高能力的理论依据。

三、机能类别与机能状态

（一）机能类别

机能分为基础机能和增值机能两类。

1、基础机能

基础机能是所有生命物质都具有的能力，是宇宙规律在生命物质中的表达，是"刺激—反应"式的应对能力。例如，叶绿体受到光照会产生光合作用；肌细胞受到刺激会收缩等等。

2、增值机能

增值机能是高级动物大脑才具有的机能，是生物高度发展的结果，是能够利用心理产品充实改变机能环境，使机能水平不断增值提升的高级能力。例如，人类通过学习可以制造工具，使用语言等。

3、基础机能与增值机能的关系

基础机能和增值机能都是生命物质的应对能力，基础机能是生命现象的基础，也是增值机能的基础，没有基础机能就不会有生命存在，更不会有增值机能；

基础机能普遍存在于生命物质中，而增值机能只是生物体高度发展的结果，它通常只出现在高等动物的脑器官中。相比而言，基础机能的反应更直接、更简单、更快捷；增值机能的反应更曲折、更复杂、相对缓慢。

基础机能的提高性更有限、更缓慢；增值机能的提高性更快速，更宽广。例如，通过锻炼人类骨骼肌的收缩力能在一定范围内得以提高；通过学习人脑的能力能在很大程度上得以提升。

从机能过程及结果来看，基础机能是"相同刺激→相同结果"，增值机能是"相同刺激→多种可能"，造成这种差别的原因是增值机能过程中有众多复杂的内部信息在参与，这些内部信息在人类就是心理产品。

（二）机能状态

机能状态是机能表达的程度，机能状态通常分为全能状态、低效状态和失能状态三类。

全能状态是机能的正常值守状态，是面对刺激能作出最大效率反应的状态。

低效状态是机能的低效率运行状态，是面对刺激因素只作出低效反应或不全反应的状态。低效状态又分为主动低效状态和被动低效状态。主动低效状态是生物体为适应环境或自我目的通过自身调整使机能处于低效反应的运行状态，例如，北极熊的亚冬眠，人类的睡眠等，主动低效状态可以逆转并快速恢复全能状态。被动低效状态是由于环境条件、物质结构等因素的改变导致机能效率被动降低的状态，例如，青蛙的冬眠，药物麻醉等。

失能状态是因物质成分、物质结构、环境条件等因素剧烈改变而导致机能全部丧失的状态。失能状态通常无法逆转，常常意味着生命物质生命的结束，是死亡的本质。

机能状态图解

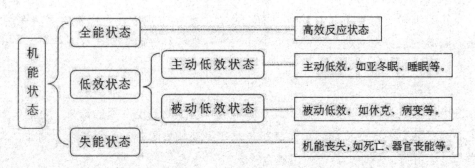

第二节　机能属性定律

一、机能属性定律

特定物质成分、物质结构在一定环境条件下必然存在某种机能或属性，改变任一因素都会对机能或属性产生影响；反过来，某一机能或属性必有相应的物质成分、物质结构和环境条件的支撑，机能或属性的改变标志着物质成分、物质结构或支撑条件的变化，这就是机能属性定律。

物质成分、物质结构、环境条件与相应的机能或属性存在专一对应性，而机能属性所指向的物质成分、物质结构和环境条件却没有专一对应性。复杂的机能或属性是多个简单机能或属性的组合、连锁或升级。换句话说：特定物质成分、物质结构在特定条件下必定有某种机能或属性的存在，而某种机能或属性却可以从多种方法获得，机能属性的变化可以由多种因素引起。

机能属性定律示意图

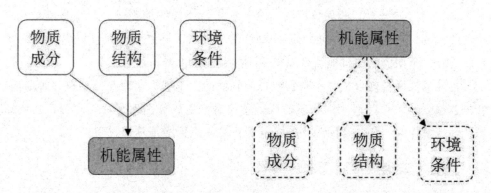

物质成分、物质结构、环境条件的改变能导致机能属性的改变；反过来，机能属性的存在也会对造就它的物质成分、物质结构、环境条件产生影响，这是造成物质发展变化和生物体生死规律的重要因素，例如，放射性物质能释放射线，这些物质在释放射线过程中成分、结构也会改变；再例如，肌肉具有运动机能，反复的运动也会使肌纤维的结构发生改变。

机能属性定律是我们研究事物运动变化规律的基本遵循，也是人类众多科研行为的根本指导。例如，原材料科技就是通过改变材料的成分或结构谋求特殊属性的获得，疾病治疗就是通过改变器官的结构或环境条件以获取机能的恢复，康复治疗就是通过反复的机能实施促进器官结构合理化。

机能属性定律同样能指导我们对心理活动的研究探索，例如，人们总是试图找出心理活动或心理现象的生理学和解剖学支持，也一直在通过改变刺激因素（环境条件）来探索心理活动的规律，但也经常遇到同一心理现象有不同理论支持的情况。

机能属性定律告诉我们：心理现象是心理机能的外在表现，心理现象的出现或改变可以由物质成分、物质结构、环境条件中的多种方案导致，仅凭一种对应关联就断言某种必然因果是不严谨的。

二、机能属性的联合现象

每种物质都有自身的机能属性，不同物质的机能属性能够在一定条件下联合起来呈现更大、更复杂的机能属性，这就是机能属性的联合现象。例如，心脏窦房结细胞具有自发放电机能、心肌细胞具有受刺激收缩的机能，它们的联合使心脏呈现出节律性收缩机能；再例如，气管具有通气机能、膈肌具有收缩扩大胸腔机能，肺脏具有气体交换机能，它们的联合呈现出呼吸系统的呼吸机能。

机能属性联合现象在生命物质和非生命物质中都有明显的体现，它是世界多样性的基础。基本粒子（质子、电子等）通过属性联合呈现出不同化学元素的属性，不同化学元素的属性联合呈现出不同分子的属性，不同分子的属性联合呈现出不同材料（如合金）的属性；在生命物质中，不同的细胞成分（细胞器）具有不同的机能，它们的联合呈现出不同细胞的机能，不同细胞的联合呈现出组织/器官的机能，不同器官的机能联合呈现出不同系统的机能。

机能属性联合现象往往不是物质机能属性的简单相加，而是机能属性的增值、升华或改变，这是因为不同物质的联合不仅是物质成分的改变，同时也是物质结构、环境条件的改变，它所带来的机能变化往往是无法预测的。

三、机能属性的物质成分因素

物质成分是机能属性的承载和物质基础，它包括物质的类和量，没有物质成分就谈不上机能属性。世界多样性是以物质成分的多样性为基础的，这种多样性不仅体现在基本物质种类的多样性，也表现在物质成分组合的多样性。例如，每一种化学元素都有它自身的特性，不同的化学元素又能组合成种类更多的分子，不同分子便呈现出更多更复杂的属性。

四、机能属性的物质结构因素

物质结构是指物质成分不同的组合方式。同样的物质成分，不同的组合结构也会使物质呈现出不同的机能属性，这是世界多样性与神奇性的原因之一。例如，碳原子的不同结构组合呈现出石墨和金刚石两种不同物质属性；再例如，许多化学药物中左旋体与右旋体都有明显的生理效应差别，甚至不少右旋体就没有药物效应。

五、机能属性的环境条件因素

机能属性的环境条件因素是指物质成分所处的时间、空间、场、其它物质等周边因素，如温度、压力、场强、信息、离子浓度等支持条件。环境条件也是影响物质机能属性的重要因素，同样的物质成分和物质结构，不同的环境条件也会呈现不同的机能属性。

环境条件因素不仅包括温度、压强、时间等环境因素，也包括其他物质、信息、能量等条件因素。例如：水在一个大气压 0 摄氏度以下时是固态，100 摄氏度时会沸腾；加热高锰酸钾加入二氧化锰时氧气的释放速度会加快；同一个人学开车前不会开车，学开车后会开车（脑内信息变化导致）。

【延伸】事物的自然属性与人赋属性

自然属性是事物本身所固有的面貌、规律、现象等特性，是宇宙赋予一定物质成分、物质结构在一定条件下所具有的特定特征信息，人类可以认识事物的自然属性，也可以依据机能属性定律改变事物的自然属性，但无法剥夺事物自然属性的存在。某种程度上讲，生物体的基础机能属于简单的自然属性，高等动物的增值机能属于复杂的自然属性。

人赋属性是人类赋予事物的人类识别信息，人赋属性不是事物本身所固有的，它的决定权不是事物自身也不是宇宙规律，而是人类。例如，动植物的名称、归类，事物的好坏、益害等都属于事物的人赋属性。

六、影响心理机能的因素

人类心理是人脑的机能，它同样受上述几方面因素的影响。

人脑心理机能的影响因素

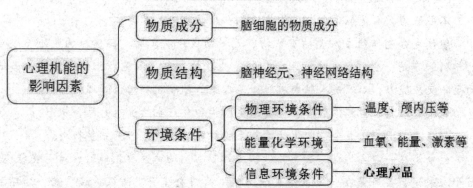

首先，人脑的物质成分和结构是心理的物质基础，它们对心理机能的影响是决定性、根本性的，没有这些物质成分和物质结构，大脑的心理机能就无从谈起。大脑神经元的星形结构和纵横交错的神经网络为其信息传输造就了可能，神经元的生物膜等结构是其信息储存和加工的物质基础；无脑儿、大脑发育异常者根本就不可能有正常的心理机能、甚至就不可能存活。

其次，人脑丰富的血液供应、复杂的激素成分、相对稳定的物理环境是大脑心理机能正常运行的重要环境因素。例如，脑血供不足时人们就会有头晕、目眩等症状，甲状腺激素水平增高时神经兴奋性明显增强，这种情况下大脑的心理活动很难正常实施。

再者，人脑是重要的信息处理器官，脑内丰富的心理产品是大脑神经元的信息环境，它们对心理机能的运行、拓展和提高具有十分重要的影响。心理产品直接影响人类行为的动因、目的和方法，提升人类的行为能力，也因此造就了人脑无与伦比的独特机能。

在影响人脑心理机能的众多因素中，物质成分、物质结构因素通常相对稳定且不易改变；物理环境、化学能量环境也比较稳定，并且这些因素间以及它们与心理机能间的因果关系、相互影响也相对容易察觉和测得，它们对心理机能的影响是相对粗犷、对应和固定的；相比之下信息环境导致的机能改变则更迅速、更容易、更隐密、更广泛、更精准、更复杂，这是由于大脑的主要机能就是加工处理信息，它对信息更敏感更专业。例如，颅脑外伤、脑血管疾病、内分泌异常等引起的大脑机能改变相对容易发现和获证，具体表现也相对固定，而认知、遵从、欲望引起的脑机能改变则难以取证和把握，表现也更精准、更复杂、更多样。

影响人脑心理机能的各因素之间不是孤立的，而是相互影响关联的。一方面，信息环境能影响人类的行为，长期的行为实施反过来也会改变大脑的结构，信息环境的剧烈改变也会通过激素分泌等过程影响化学能量环境，同样，物质（成分）结构因素、化学能量因素也会影响信息的运动过程。

【延伸】《心理产品学》的人类观

本书认为，人是躯体成分、躯体结构和生物机能的结合体。

躯体成分包括组成人类的有机物、无机物成分及比例；躯体结构是躯体成分的排列和布局，它决定人类的形体特征；生物机能包括细胞、组织、器官、系统的生物反应能力；心理是人脑的机能，是人脑基础心理和增值心理的总和。

健康是人类恰当躯体成分、完整躯体结构和良好生物机能的结合状态。

伤病是人类躯体成分、躯体结构或生物机能的不适当、不完整状态。

生命是在一定生物成分和生物结构支撑下、生物体主要机能的维持存在状态。对于人来说，生命是在一定躯体成分和躯体结构支撑下，高级神经系统、循环系统、呼吸系统等重要器官（系统）机能的维持和存在状态。

医疗是通过一定手段恢复或改进躯体成分、躯体结构、生物机能的行为。这些手段主要包括改变躯体成分、修正躯体结构、改变机能（物理、化学、能量、信息）环境、调整机能状态等。

第三节　人脑机能

人脑的机能众多，依据作用范围的差异，我们将人脑的非信息处理能力定义为人脑的生理机能，将人脑的信息处理能力定义为人脑的心理机能。

一、人脑的生理机能

人脑的生理机能是指人脑所具有的激素分泌、肌张力调控、心肺活动控制、血压体温调节等非信息处理能力。它是人类不可或缺、至关重要的能力，但它不是《心理产品学》关注的重点，本书不作过多讲解。

二、人脑的心理机能

人脑的心理机能是指人脑所具有的接收信息、处理信息、储存信息、发起素控行为等信息处理能力。心理机能又包括基础心理和增值心理两部分，基础心理是指可以没有心理产品参与的心理机能，增值心理是指必须有心理产品参与的心理机能。

从另一外角度看，人脑的基础机能包括其生理机能和基础心理，其增值机能专指增值心理。

（一）人脑的基础心理

人脑的基础心理，是指人脑接收信息、产生感觉、体验，形成心理产品、发起行为支配等直接能力，是刺激因素作用于一定的物质组合导致的结果，是自然界普遍规律的具体化，这些机能与肌纤维受到刺激会收缩、红细胞能输送氧气没有本质区别。

人脑的机能类别

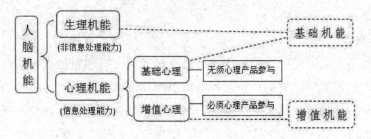

人脑的基础心理具有十分重要的地位，它是增值心理的根基，没有基础心理就不会有增值心理。人脑的许多基础心理人类至今还没有搞清楚，例如，大脑神

经元究竟有多少基础心理机能？脑神经元的位置、形态与其基础心理有什么关系？快速变化的信息是如何处理的？等等，所以现在仍有许多心理学家对脑神经元的基础心理进行着孜孜不倦的探索。

大脑常见的基础心理主要有以下几类：

1、信息转码

信息转码是某些脑神经元的基础机能之一，是将某类型信息转换成另一类型信息的能力。这种能力不需要心理产品的参与。例如，脑内的感觉神经元能将进入自身的感官神经信息转化成感觉信息；运动神经元能将大脑的行为指令转换为运动神经信息等。通常情况下，信息转码只改变信息的外在结构、载体类型、信息强度等工具信息要素，而不影响装载信息的内容。

2、信息储存

信息储存是大脑存储神经元所具有的基础机能之一，是将符合条件的信息以一定形式保存在大脑神经元内的能力。先天遗传信息的储存条件是信息的正确翻译、转录和复制；后天信息（包括升级产品信息）储存的基本条件是信息强度达到心理产品的诞生阈值。例如，记忆的形成就是对某些达到诞生阈值的感觉信息或升级产品信息的储存。

3、被动感觉

被动感觉是感觉神经元的基础机能之一，是感觉神经元对感官转入的刺激信息的直接反应性察觉。例如，睁开眼就能感觉到有视觉，朦胧中听到有人在说话，人群中感觉到有人碰了自己一下等等。被动感觉可分为外部感觉和内部感觉两大类，外部感觉是大脑对感官传入的体外刺激作出的反应察觉，内部感觉是大脑对体内感觉细胞或神经末梢感受到的体内刺激作出的反应察觉。人们平时说的感觉主要是指被动感觉，它是感官、传导神经、脑神经元三部分基础机能联合作用的的结果，是大脑对感官传入信息的初步察知，是人类认知的起步阶段，也是粗略、模糊的内在反应。被动感觉通常能察知感觉信息的性质、方位、大致强弱等信息属性，例如，感觉到前方有光，感觉到面前东西跑过，听到后面有声音，感觉到某部位疼痛、搔痒等等。

4、体验

体验是大脑神经元对心理活动、心理过程、心理现象的直接反应，是大脑对素运动的自我察知。例如，遇到顺心的事就感到激动、遇到不确定的事就感到紧张、遇到如意的事就感到高兴等等。体验的本质是大脑针对自身心理活动、心理变化的反应，是一种自我状态察觉，是人类产生亚素行为的能力。

体验是人类产生情绪、意志、精神的基础能力。人类心理具有喜爱和追逐良性体验、讨厌和拒止不良体验的特性，这一特性被称为逐良特性。逐良特性是固化在人类心理主板上的基本程序，它是精神的起端，是行为的种子。良性体验和不良体验同在时，存在相互抵减的现象，这一现象叫体验兑冲。

根据体验方向的不同，可将体验分为良性体验和不良体验。

良性体验是大脑对同向刺激因素作用时素运动、素状态的自我察知，是舒适欲的同向刺激因素，良性体验能使人们发起趋向行为。例如，人人都想有个好心情，都愿意有个愉快的生活环境等等。愉快、高兴、激动等积极情绪行为属于良性体验行为，坚定、果敢等意志也属于良性体验。

不良体验是大脑对异向或不定向刺激因素作用时素运动、素状态的自我察知，不良体验是舒适欲的异向刺激因素，会使人们发起回避、远离等行为。例如，人们总想离开不愉快的环境，不愿提及痛苦的回忆等等。痛苦、烦恼、焦虑、忐忑、无奈等消极情绪行为和中界情绪行为都属于不良体验行为，动摇、失望等意志也属于不良体验。

体验是大脑对素运动、素状态的自我察知，这种察知同时也是一种刺激因素，也会引起大脑众多基础机能、增值机能的某些变化，例如，良性体验常会引起大脑基础机能兴奋性增高，会通过神经或体液系统引起脑外器官的功能改变，如心跳加快、血压升高等，同时也会引起相关素份（主要是舒适欲、释欲）素力的改变进而促发相应行为，如高兴时唱歌、发笑等等。可见，体验是大脑的基础机能之一，同时又是一种自我产生的刺激因素，不论是良性体验、还是不良体验，过高的强度都会导致大脑乃至脑外器官机能的失常状态，所以，《黄帝内经》上讲"怒伤肝、喜伤心、忧伤肺、思伤脾、恐伤肾"。

5、发起行为

发起行为是大脑运动神经元的基础机能之一，是指相关信息强度达到行为阈值时就向特定效应器官发送运动指令的能力。例如，人们确定了一个行为计划，条件达到时就会去实施，其实质是大脑形成了一个行为相关类环境素，当其强度达到行为阈值时就会向实施器官发送。

6、信息衰减

信息衰减是大脑的基础机能之一，是指大脑神经元内心理产品的强度会随着时间的推移逐渐降低、减弱乃至消除的心理机能。信息衰减是脑神经元的自我保护机能之一，它能防止信息的过度堆积，有利于提高信息处理能力。信息衰减是素力慢损的重要原因之一。

信息衰减也是人类遗忘现象的基础。防止遗忘的主要措施就是利用相干谐振机能使相应的信息在不断的激发刺激中补充能量、强化痕迹。

信息衰减与个体的机能差异有关，也与信息自身的强度特征有关，更与时间推移有关。这也是有的人对某些事记忆犹新、而有的人却早早忘却，人都能记住一些事也会忘记一些事的内在原因。

7、机能状态调控

人脑有三种主要机能状态，即全能状态、低效状态和失能状态。人脑能根据体内外条件的变化对自身的机能状态进行调控和转换，而这其中最常见的就是睡眠和苏醒，至于人脑能否主动调控进入失能状态还不得而知，但确有高僧主动"坐化"死亡的事例。

（二）人脑的增值心理（亦即增值机能）

增值机能是人类大脑长期进化出来的更高级的生物机能，是大脑能够利用自身储存的心理产品充实机能信息环境、影响机能反应结果，进而使自身机能逐步提升的能力。大脑的增值机能主要表现为能将接收（或已存）的信息与已储存的信息进行比对、关联、赋予、解读、预判、设定等操作，并在此过程中产生知觉、辨识、形成新信息的能力，它对于人类至关重要，是人类发展进步的骨干利器。

增值心理与基础心理有明显的不同，它不再是简单的"刺激——反应"过程，而是在刺激因素作用下，刺激信息与产品信息共同参与的复杂运作。

大脑增值机能的物质基础是大脑神经元的成分和结构、以及神经元之间纵横交错的神经网络，增值机能的信息基础是神经元内储存的产品信息，正是大脑独特的结构和丰富的心理产品信息才使增值机能有了存在的可能。当然增值机能的能力基础仍然是基础机能。

人脑机能示意图

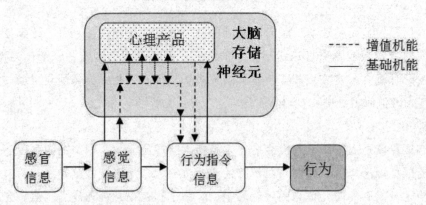

心理产品是储存在大脑神经元内的、由心理活动形成的、相对稳定的心理信息。它是大脑重要的信息环境，也是增值机能的增值依靠。

大脑的增值机能由众多具体的心理过程组成，如知觉过程、相干谐振过程、机能调控过程、相关类认知产品形成过程、素控行为发起过程等等。不过，不是每一次增值机能过程都包括上述全部具体过程，但其每一过程有心理产品的参与，否则它就不是增值机能了。

1.知觉形成过程

知觉形成是大脑的增值心理过程之一，是脑神经元将感觉信息（也可以是记忆信息）与心理产品信息（主要是认知心理产品）进行比对、辨识的过程，知觉是比对辨识的结果。

感觉信息形成后通过大脑复杂密集的神经网络与原有的心理产品进行比对和辨识，但不是所有感觉信息都能进行比对和辨识，而是达到一定强度的感觉信息才能进入比对辨识过程，我们把感觉信息能够进行比对辨识的最低信息强度叫知觉阈值。知觉阈值在不同个体间会有差异，同一个体也不是一成不变的，不同类型信息的知觉阈值也不一样，同一信息的知觉阈值也会发生变化，甚至能受大脑自身的调控。达不到知觉阈值的感觉信息不能形成确切的知觉，也不能引起相干谐振，但它们有可能进入产品形成、行为促发等过程。

感觉信息与心理产品（主要是认知心理产品）信息直接比对产生的知觉叫原始知觉，促成原始知觉的感觉信息强度和清晰度都是进入大脑时的状态，心理产品也处于待激状态，因此原始知觉相对概括和模糊，例如，在路上行走，路边的花草、树木、车辆都会使我们产生知觉，但这些知觉是相对模糊的。

感觉信息启动相干谐振后，由于相干谐振的作用使感觉信息强度和清晰度发生改变，相干的心理产品信息也被激发处于激发状态，至此，谐振强化后的感觉信息与激发状态的心理产品信息进行广泛、深入的比对产生的知觉叫谐振知觉。谐振知觉是相对清晰和准确的知觉。

谐振知觉融入了众多心理产品因素，而心理产品又包含着本体素、群体素和环境素三方面的内容，它们之间在激发状态也会相互影响，并由些导致知觉选择性增强现象的发生，可见，谐振知觉是知觉选择性和注意现象产生的基础。

感觉信息引起的心理过程中，原始知觉过程是相干谐振过程的前奏，不能形成原始知觉的感觉信息也就不可能启动相干谐振过程，当然也无法产生谐振知觉。

与认知心理产品（主要是环境素）不存在相干关系的信息被知觉识别为未知信息，未知信息也是有知觉的，它可以与本体素探索欲进行相干谐振，激发人们的探索欲望，并有可能促发探索行为。同时也可能促发类比和设定过程。

某一心理产品与其它心理产品的比对辨识过程，不存在原始知觉过程，因此，回忆、思考等心理活动所产生的知觉都是谐振知觉。《心理产品学》认为，回忆、思考等心理活动是一种思维行为，是由大脑作为效应器官的特殊行为类型，它的发起和实施有其独到之处，这在《行为》章节还将讲述。

2.相干谐振过程

相干谐振是增值机能最重要最基本的手段之一，是产生增值效果的基础。

（1）相干关系

相干关系是指多信息间在方向、内容、特征等方面存在相同、相似、相反、关联等有连带关系的存在状态。例如，饥饿和面包、楼房和平房、大长方形和小长方形、80毫伏电压和80毫伏电压、10赫兹与11赫兹等等。

（2）相干谐振现象

相干谐振现象简称相干谐振，是指存在相干关系的信息在大脑神经元内相遇时发生强度、内容、状态等方面改变的现象。相干谐振导致的结果是相干信息强度、内容、状态发生改变，这些改变可以是信强的增强，也可以是信强的减弱，也可以是信息内容或状态的变化。相干谐振现象不仅在生物机能方面存在，非物质属性方面也存在它的身影，只不过生物机能方面的相干谐振条件更苛刻、过程更复杂、关联更广泛。

相干谐振现象的发生及效果取决于两方面因素：

一是相干关系的密切性。信息之间相干关系越密切，谐振现象及效果越显著，类似于，频率相同的两个音叉能产生显著的共振现象，频率接近的两个音叉仅能产生轻度共振现象，频率差距甚远的音叉不能产生共振现象。需要注意的是神经感觉信息不仅是载体频率、强度等因素存在相干关系时会出现谐振现象，在内容相干时也会出现谐振现象，这可能是由于载体的不同特征正是信息隐藏储存的方式。例如，饥饿时面包的信息强度会增强，语言中提及某人时他的形象就会在记忆中显现等等。

二是相干信息的强度（即信强）。感觉信息是以生物电信号传递的，它们存在电势（电压）、电流、波幅等载体特征，这些特征的强度与相干谐振现象存在明显关系，达不到一定强度的信息尽管存在相干关系也无法产生相干谐振，我们把存在相干关系的信息能产生谐振的最低信息强度叫谐振阈值。谐振阈值同样是相干谐振发生的必须条件，是相干谐振的强度门槛，而信息强度与谐振范围、谐振效果成正相关关系，信息越强谐振范围越广泛，效果越明显。相干谐振现象的作用通常是双向的，也就是说相干信息的双方（或多方）都会受到影响。

总之，相干谐振的发生必须满足两个条件：一是存在相干关系，二是达到谐振阈值。并且谐振的程度与信息强度正相关。

（3）相干谐振过程

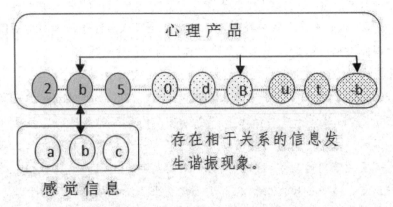

相干谐振示意图

心理产品

存在相干关系的信息发生谐振现象。

感觉信息

达到知觉阈值的感觉信息会与心理产品进行比对辨识，并产生知觉。同时存在相干关系且强度达到谐振阈值的感觉信息与心理产品信息之间、心理产品相互之间也会发生相干谐振。相干谐振的过程是信息之间内容、强度、状态相互作用、相互影响、互为改变的过程，其基础可能是离子种类、浓度、电势、频率、存在部位、存在方式、甚至是膜结构的改变。谐振过程可以产生比对、识别、判定、解读、赋予、设定、关联等心理操作。其结果是参与谐振信息的强度、内容、状态等要素发生改变，并可导致新信息的产生，相对于谐振前，经过相干谐振后的心理产品是升级心理产品。

3.机能调控

大脑对自身的增值机能具有一定的调控能力，我们把大脑对自身增值机能的调控现象叫机能调控。机能调控是大脑自我保护和提高效率的适应性能力。机能调控包括以下两种情况。

（1）增值拥堵与专注模式

增值机能是众多大脑神经元、大量心理产品和广泛神经网络参与的运作过程，是大占用、高耗能的心理活动，当多种刺激信息同时传入大脑，增值机能就会因此出现拥堵、混乱和疲劳，我们把这种由于多信息同时进入增值机能造成的机能拥堵现象叫增值拥堵。增值拥堵是经常发生的，例如，我们在看书时孩子在旁边不停地和你说话；我们在写作业时楼下在高声唱歌等等。增值拥堵会导致心理过程无法正常进行，进而影响行为和工作效率，要消除增值拥堵最常用的方法是阻止启动信息同时入脑。例如，专心听音乐时常常闭起眼睛；吵杂环境看书时戴上耳塞等。

专注模式是指大脑在众多感觉信息同时传入时、正在进行广泛谐振时、或行为正在启控时，主动提升知觉阈值，以阻止低强度信息进入增值机能和相干谐振，防止增值拥堵，提高工作效率的自我调控措施。专注模式是大脑自我保护、提高效率、减少能耗的需要。专注模式下许多信息由于知觉阈值的提高无法进入知觉过程和谐振过程，也就无法引起显著有效的知觉和辨识，就会出现"视而不见"、"充耳不闻"、"乐此不疲"等外在表现。例如，当某人专注于思考时他对眼前的人和事都会视而不见，当某人正在干某事时他通常无法分心等等。

专注模式是大脑的主动所为，是为了提高工作效率的能动之举。

【现象分析1】左手和右手同时在桌面画○时，人人都能做到；但是左手在桌面上画"○"，同时右手在桌面上画"△"时，许多人都做不到。为什么会这样呢？这是因为，左右手执行一样的动作时，只有一个增值过程在运行，不存在增值拥堵，而左右手同时划不同的图案时，则需要两个不同的识别和相干谐振，一个比对辨识○，另一个比对辨识△，于是就发生了增值拥堵和信息干涉，动作无法同时完成。就会出现这样的情形：画○时画△的动作被迫停顿，画△时画○的动作被迫停顿，这便是机能调控，当然这个时间间隔可以很短，因为相干谐振通常瞬间即可完成，但却无法同步进行。

经过训练，一些人可以完成上述的同步动作，但那其中有一个动作是程式行为，程式行为无需经过广泛的比对辨识和相干谐振，所以也就不会发生增值拥堵，至于什么是程式行为，我们将在《行为》章节讲解。

【现象分析2】增值拥堵和专注模式不仅会在运动行为中出现，在多个知觉过程中也会出现。例如，用手在自己的脸上轻轻滑动，去感知手和脸的粗糙程度，我们就无法同时辨识手粗糙还是脸粗糙，这个例子中手接收到的感觉信息和脸接收到的感觉信息同时进入大脑，如果要同时辨识它们的粗糙程度，就会发生增值拥堵，于是大脑就启动专注模式，要么感知到的是手的信息，要么感知到的是脸的信息，如果是一只冰冷的手放在温暖的脸上，这种现象可能更清晰一点。不过这个过程中，我们可以同时感觉到手和脸发生了接触，这是感觉，它不需要增值辨识，所以不存在拥堵和专注处理。

（2）应急模式

大脑机能的应急模式是指强烈刺激信息进入大脑或凸基素份被激发导致某些素份素力高值快速变化时，大脑迅速将"增值过程简化、行为促发提前"的特殊机能现象。

应急模式下，刺激信息通常只能激发与之相干关系最密切、基值最高的素份，相干关系不密切、基值较低的素份则不被激发，此时的增值过程通常是简化的、精练的，平时应有的感知、辨识等过程常常被省略，谐振范围常常被压缩，行为促发往往被提前，所以应急模式下的行为是快捷的、简单的、激烈的。我们把应急模式下促发的行为叫应急行为。例如，人遇到危险时，多数人的反应都是迅速逃避、保护头部等动作，这类行为通常是快捷的，迅速的，但往往是简单的，无法顾及其它的。

应急模式不一定都是在危险情况下才启动，飙素现象、凸基素份被激发时也会启动，例如，非常孝顺的人，得知父母有重病时也会启动应急模式，往往做出冲动而考虑不周的行为。

应急模式在一定程度上是被动的，是大脑被动应对特殊情况的紧急工作方法，是人类重要的环境应对手段之一，它对维护生命安全具有重要意义，但它是相对简单和低级的，应急模式体现生物本能，具有原始踪迹。

【延伸】本能反应

经常听人们说"某某的行为是一种本能反应"，究竟什么是"本能反应"呢？《心理产品学》认为，本能反应是应急行为的一种，是大脑在应急模式下，只激发了相干关系最密切的本体素素份，几乎不进行其它谐振就促发的应对行为。这类行为中看不到群体素的约束和规范、也找不到认知的铺垫和引导，只能看到本体素的本能应对，所以被人们称为"本能反应"或本能行为。例如，某地发生了级别不高的地震，几乎所有的人都"衣冠不整"地跑到楼下。这时的人们已不再顾及衣着、风俗等平时非常在意的东西了。

应急行为也可发生在群体素主导的素份中，例如，军人培养了高度的纪律性（指令性遵从）和强烈的爱国情怀（认可性遵从），也就是说这些素份是高值凸基素份，当冲锋号吹响，这些素份被激发，奋勇杀敌的信念和行为就会压倒一切。当然这类行为不是本体素主导行为，而是群体素主导的高效简洁应急行为，它不能称为本能行为。

应急行为仍然是增值机能行为（素控行为），这类行为仍然受心理产品的支配，只是参与的心理产品减少了，程序简化了，速度加快了，它与基础机能行为（机能行为）是有明显区别的，基础机能行为没有心理产品的参与，只要刺激因素相同，基础机能行为的反应都是一样的，例如，遇到强光人们就会把眼咪起来，刺激性灰尘进入鼻腔就会打喷嚏等都是基础机能行为（机能行为）。

4.素控行为发起过程

素控行为是在起动诱因作用下，心理产品某素份被激发素力增强，当素力达到行为阈值时，大脑运动神经元向效应器官发送行为指令信息，效应器官产生相应行为的过程。

如果是一次性即时行为指令，主导素份在形成行为指令后素力将降低、复平，效应器官只产生短暂即时行为。

如果主导素份在某些因素作用下持续激发，素力一直在行为阈值以上，大脑运动神经元将会持续发出行为指令，效应器官将持续产生行为动作，直到行为完成或某些因素致使主导素份素力降至行为阈值以下。

在行为发起过程中，只要信息强度达到行为阈值，大脑运动中枢神经元就会发出相关的行为指令，这一动作是大脑运动神经元的基础机能。强度达到行为阈值的感觉信息也能引起运动神经元发起行为，这种行为是机能行为，例如，突然听到巨大的爆炸声，身体会突然一紧张甚至站起来、跳起来等。强度达到行为阈值的心理产品信息所发起的行为是素控行为，因为这一行为的发起信息是经过增值机能加工过的信息，是带有行为动因、目的和方法的信息。例如，我们看到美丽的花朵，就去买一束，这是花朵的感觉信息刺激了舒适欲，舒适欲素力在相干因素作用下进一步升高，达到了行为阈值，于是就产生了购买行为。

5.人脑主要的增值心理机能

（1）信息比对与辨识

信息比对是大脑将相关信息与产品信息进行比较，判定异同、提取差别的能力。信息比对同时伴有知觉的产生。信息比对可以在相干谐振前进行，也可以在相干谐振中进行，前者产生原始知觉，后者产生谐振知觉。原始知觉过程在相干谐振前实施，可以看成相干谐振的前奏。比对是人类大脑的重要增值机能之一，是人类识别、挑选、辨析行为的心理基础。例如，我们能从众多的硬币中挑出一个1角硬币，能从人群中认出我们熟悉的人，这些都是信息比对辨识的结果。

辨识是信息比对结果的主观判定，是对信息异同的知觉归类，产生辨识的前提是相关信息与心理产品进行了谐振比对，它必然产生谐振知觉，辨识是人类具有了分类、评判、人为定性的能力。

（2）类比与参照

类比是大脑将内容或状态相似的信息归为等同、同类、约等的概略判定能力，是相干谐振过程中允许差别的比对结果。例如，看到一只鸡，我们能认出它是"鸡"，但它肯定与我们大脑中的记忆标准有差别，但这并不影响我们的识别和判定；再例如，"联国合是一个际国性组织"这句话，许多人能把它理解为"联合国是一个国际性组织"就是类比的结果，其实前一句有两个错乱之处，严格比对根本不是正确的句子，也得不到后面的语义。

参照是类比的延伸，是形成行为指令信息时的概略决定能力。参照不能保证行为信息的绝对正确性，但却是一种有效的问题解决方法。例如，遇到十字路口，我们无法判定绝对正确的路线，但却能形成一个近乎正确的方向（行为信息）。

类比与参照机能的存在，节省了许多存储空间、极大地提升了机能效率，并在应急行为中发挥着重要作用，但它一定程度上降低了判断和行为的准确性。这一机能对早期人类生存具有重要意义，例如，对隐藏的天敌往往无法准确判断，如果获得类似信息就加以防范，受伤害的机率将大大减少，当然这会使我们认错人，或者被地上的"绳子"吓到。

（3）知觉与理解

知觉是对相关信息察知、定性、归类的能力，是增值机能中比对、识别的结果，是感觉的进一步处理。例如，走路时有一个东西从身边跑过，这只是一个感觉，仔细一看是一只狗，后者是知觉。

理解是知觉的深入化，是对某信息及其相关信息关联关系察知，是将装载信息分离辨识的结果。例如，看到一个"树"字，能认出它，知道它的发音就是知觉，如果再进一步知道它指代一种有生命的高大植物（装载信息），这时的认知过程就是理解。

（4）赋予

赋予是大脑为某一信息添加人赋属性的能力，是将一个信息与另外的信息强制关联、合并的过程。例如，我们将一个圆形水果赋予了"苹果"这个词，这个水果就有了"苹果"这个人为属性；再例如，我们将"助人为乐"行为赋予了"正义"的属性；将"2"这个符号赋予了er的声音，并赋予了数的含义等等。赋予机能是人类创造力的基础，它能将某事物与无关信息强制关联，使它们成为相干信息。例如，在一个幼儿面前我们反复拿起一个圆形水果并发出"苹果"的语音，他就会在融入性遵从作用下将这个水果和"苹果"这个发音关联起来，当相同的水果出现时，他就能在记忆中提取"苹果"的语音。赋予后的信息具有了人赋属性，但它不是原信息初始状态，它在记忆、储存过程中可能会分离，所以当我们回忆某些事物时，有时只能回忆起它的本来信息，却忘记了它的人赋属性，例如，我们回忆某个人，他的面貌、言语、行为特征都十分清楚，但它的名字却记不起来，这是人赋属性分离的结果。

赋予机能还能将人类自身的体验、情感、感觉、知觉等信息赋予给语言、表情、动作等行为，也可以把想表达和传递的信息赋予给文字、音乐、书画、舞蹈等信息载体，从而使人类能够进行体验、情感、感觉、知觉、领悟等方面的信息交流和互动，让人类呈现出丰富多彩的情感世界。

赋予机能是人类语言的根基，人类通过赋予能力将众多的信息赋予给声音、图案、文字、符号、手势等，从而形成了人类丰富多彩的语言体系。同时也使信息交流、储存、分类的效率大大提高，可以说赋予机能在人类文明方面功不可没。

赋予机能也是信息加工、信息完善的基础。原有信息在赋予机能下可以被不断添加新的成分，从而使内容更完善。例如，第一次见到某个人，记忆中只有他的面貌、身高等特征，多次接触后他的行为、习惯等特征也会被添加进来，从而使我们对他的认识更深入、更完善。

（5）信息关联

信息关联是大脑能将与某信息有关的信息进行汇总、聚集、合并、建立联系的能力，它是比对能力的延伸，也是赋予能力的延伸，是由共性向个性的发散，也是由甲及乙的牵连。

例如，提到"人"这个词，大脑能立即将人所具有的形态、行为、能力等特征关联在一起；听到"你家有几把椅子？"的问话时，大脑能立刻将家中椅子信息、计数机能关联起来，然后再和一个数字关联起来，最后形成一个事物相关类环境素；再例如，当饥饿欲望激发时，发生相干谐振过程，相关食品、香味就会被关联，如果环境中某些信息与产品信息相同，就能引起该信息增强，进而促发食用行为。

（6）信息分离

信息分离是大脑将工具信息与装载信息区分开的能力。例如，看到"5"这个字，能够将5这个符号的表征信息（笔画结构）与它的装载信息（数量含义）区分开来；再例如，听到"你叫什么名字？"这句话，能够把这段语音信息和语义信息区分开来，当然这些都须有心理产品的参与，如果你没有汉语认知，那么你只能接收到语音信息却无法分离出语义信息。

分离能力对人类同样重要，一方面它使人类信息交流成为可能，另一方面它赋予了人类探究世界本质的能力。例如，牛顿看到了"苹果落地的现象，他能将这一现象信息与它的装载信息——万有引力区分开来；再例如，某人向你招招手，你就知道这个动作传递的信息是让你靠近他。可见，分离机能与理解机能有密切关系，分离机能是理解的前提，不能有效分离就无法完整理解。

分离往往是赋予的反过程，例如，我们需要先把"大熊猫"这个词赋予了一种动物的特征，然后才能在看到这个词时分离出它所装载的信息，通俗地说就是"必须先装车，然后才能从车上卸出东西来"。不过这里的"分离"严格来说应该是"拷贝分离"，因为分离后原信息并没有减少什么。

（7）信息分解

信息分解是将某整块信息分割成若干部分的能力。例如，看到桌子上有五个苹果，当别人问有几个苹果时，我们能将"5个"的数量信息从五个苹果的整体信息中分解出来等等。信息分解与信息分离的区别在于，分解分开的是整体信息的不同部分，而信息分离分开的是工具信息和装载信息。

（8）信息提取

信息提取是大脑的增值机能之一，是将众多有关联的信息进行浓缩、取同、舍废的能力。提取是关联的升级，是从个性向共性升华的能力。例如，看到桌子、凳子、柜子、沙发等多种物体，我们能将它们的共性信息"家居用品"提取出来，并赋予它们一个类称"家具"。

（9）设定与推断

信息设定是大脑对信息的主观创造、扩展、补充和修改。例如，看到一个人在大街上奔跑，我们马上会对这一信息进行设定：他可能有什么紧要的事要办？或者他被人追赶？信息设定可以是对已有心理产品的强制关联、类比或套用，也可以是对信息的重新组合，也可以是参入某种素目的的扩展。例如，看到一只鸟在树上鸣叫，有人认为它在呼唤孩子，有人认为它在招引异性，也有人认为它在练习唱歌等等，这些都是设定，都是人为创造的认知，但它们却将个体的心理意向加了进来。

推断是信息设定的高级形式，是利用信息因果关系、演变规律、逻辑知识对已知信息进行的有遵循、有依据的主观判定或设定。例如，看到某人提着一兜菜，我们会认定他刚从菜市场回来，这个认定有一定的依据，不是完全依靠强制关联得到的结果。

设定和推断是人类探索未知的重要能力之一，就是在这种不断的设定、推断、验证过程中人类得以向前发展。

（10）主动感知

主动感知是大脑神经元的增值机能之一，其实质是一种深入的观察、探查行为，是在某种动因驱动下对某种感觉信息的重视性探究、强化行为。主动感觉可以只是大脑的知觉专注行为，也可以有相关配合行为的参与。例如，为了看清某物，会采取注视、扭头、趣近，甚至使用工具等配合行为；为了听清某声音，会使听觉专注某声音，也可以有侧耳、靠近等配合动作。

（11）谐振共能

相干谐振还有一个重要的效果，那就是谐振信息强度的改变，我们把大脑通过相干谐振导致信息强度改变的能力叫谐振共能。谐振共能可以使相干信息的强度增强、减弱或状态改变。

谐振共能的效果与谐振强度有关、与谐振次数有关、也与个体机能差异和信息自身特征有关。例如，我们为了记住某首诗，最简单的办法就是多次重复背诵，最有效的办法就是能理解诗的含义，产生更多更广泛的关联，在多次重复和有效关联的广泛相干谐振中，信息强度增强了，记忆痕迹也深刻了。

6.心理产品与增值机能的关系

心理产品是人脑心理活动形成的、储存在大脑神经元内的、相对稳定的心理信息。

增值机能是有心理产品参与的大脑机能，是人类大脑利用心理产品充实、改变自身信息环境获得的高级能力。

心理产品是大脑增值机能的信息基础和资源依靠，离开了心理产品增值机能将无从谈起。通俗地讲，人脑中如果没有心理产品就和低等动物没有本质区别。

增值机能是心理产品效应表达的平台，没有增值机能心理产品将毫无意义。通俗比喻，没有电脑再好的软件也毫无用处。

同基础机能相比，增值机能的特殊之处在于，它具有自我强化、自我提升、随机应变的能力。

同普通生物信息相比，心理产品更特殊，它既有普通信息的特征，更具强度、方向、骚动、慢损等独特的生物特征，更重要的是心理产品之间，以及它与环境之间保持着动态的联系和互动。

心理产品不是增值机能本身，但却成全了增值机能，增值机能也不是心理产品，但它却为心理产品搭建了施展能力的平台，它们的关系就象"电脑"和"软件"的关系，都很重要，但二者的有机结合更重要。

三、人脑机能与躯体的关系

躯体（主要是大脑物质成分）是人脑机能的物质基础，其成分、结构、以及它们创造的内环境都能引起大脑机能的变化，这些变化既能影响大脑的基础机能也能影响大脑的增值机能。

1、不同个体的大脑机能会因躯体（主要是大脑）成分、结构的差别而呈现差异。

现实中，不同个体大脑机能的差异相当明显，这也是造成不同个体间行为能力差异的重要因素。例如，有的人口齿伶俐，有的人笨嘴拙舌；有的人聪明过人，有的人木讷迟钝等等。当然，行为能力的差异有先天因素也有后天因素。这些内容我们还将在《素与躯体关系》章节中详细讲述。

2、同一个体的大脑机能也会因躯体状态、生理发育等因素而呈现变化。

同一个体在不同的生理发育阶段大脑机能也是不同的，儿童时期大脑机能相对较弱，成年时期大脑机能相对较强，到老年时大脑机能又会下降，这与大脑成分、结构的变化（成熟、衰老等）有关，也与后天的培育、锻炼、学习有关。

某些疾病会引起大脑神经元及其环境的变化，同样会造成大脑机能的变化。例如，脑外伤造成脑结构改变进而引起大脑机能变化，某些内分泌疾病引起大脑反应速度改变，缺氧、低血糖等也会引起大脑机能障碍等等。

四、心理产品融入人脑增值机能的重大意义

（一）心理产品融入人脑增值机能使人类的生存能力大大提升

心理产品融入增值机能，使人脑的信息环境发生了重大改变，从而使人脑机能得以循环提升，行为能力不断增强。自此，人类的发展历程有了来自自身的、

持续增长的能力支撑。

在人脑的增值机能中，由于心理产品的不断增加和完善，人类的行为能力发生了根本性的改变，这种改变集中体现在：面对环境刺激信息，人类不再是被动地做出固定局限的反应，而是能做出更多种更复杂的不同反应，甚至还能做出不予反应、提前反应、多个体共同反应等主动智能行为。例如，面对大水，过去人类只能躲避退让，后来人类能建造船只、架设桥梁、修渠筑坝，进而能从水中获取食物、获取能源，把不利的生存环境变为有利于的生存环境。

可以说，大脑增值机能与心理产品的联姻是生命进化史上的一件大事，它预示着宇宙中高等动物——人类的出现。

（二）增值机能与心理产品的结合促使了主动进化的出现

1、被动进化

进化论认为，生物进化的基本路径是：环境条件的改变促使生物机能的改变、生物机能的反复实施又促使躯体成分和结构发生改变、并通过基因筛选将有用的常用的结构和能力固定保留下来，最终呈现出生存能力、适应能力的增强和生物结构多样化的出现。我们把这种被动适应环境、被动改变自身、以大自然筛选方式推动生物发展的进化方式为被动进化。

被动进化是被动的、残酷的、缓慢的。在宇宙环境复杂多变的环境中，地球上生命的出现、生物多样性的出现简直就是奇迹。

2、主动进化

生物进化历程中，大脑成分和大脑结构的不断完善使增值机能成为可能，增值机能与心理产品的结合终于使生物机能一改往夕的被动局面，高等动物终于可以通过主动强化大脑信息环境的方法来增强自身能力，而不再是完全被动地让环境来改变自身，这种方式大大提升了生存效果和进化历程。

我们把高等动物通过强化大脑内部信息资源主动增强自身机能、进而使自我生存能力、行为能力不断提升的进化方式叫做主动进化。主动进化使生物体的环境互动行为更加有力，它们能够通过自身行为主动改变环境、创造环境，而不是被动地适应环境、被环境选择。

主动进化是心理产品影响大脑机能的结果，这些影响不仅是生存和发展能力的提升，人类自身躯体的状态也受到影响，健康促进、优生优育、基因改造等行为都是主动优化躯体的表现，也是主动进化在硬件方面的表达。

人类社会的发展使信息积累和快速传递成为可能，增值机能的信息环境打破了个体界限，增值能力空前强劲，这也导致主动进化如虎添翼。可见，人类社会也是主动进化的重要因素。

主动进化是主动的、文明的、高效的，这种进化方式在残酷多变的宇宙环境中具有重要意义。

3、主动进化与被动进化的关系

被动进化是自然选择与生物生存碰撞的结果，是主动进化的基础，没有被动进化就不会有大脑复杂的成分和结构，主动进化也就无从谈起。

主动进化的出现会加快被动进化的进程、改变被动进化的方向。但主动进化仍然保留着被动进化的痕迹，大脑增值机能的频繁实施在不经意间改变或促进了大脑结构的变化，同类人猿相比人类大脑体积显著增加、沟回明显加深就是这方面的证据。这条路径是"用进废退"理论的实践，是生物机能反馈性影响躯体的实例，也是后天素体伴联现象的表达，它也表明主动进化与被动进化之间仍保持着密切的关系。

主动进化无法完全替代被动进化，被动进化将持续存在。不过，人类正在试图通过修改自身基因来强化躯体和适应能力，基因治疗技术就是这方面的应用，虽然这些工作目前还很不成熟，也存在一定的风险性，但确是人类主动进化的另一条捷径。

从途径上看，被动进化是依靠自然法则从生物体的物质成分和结构入手的进化方式，它过程漫长、效果有限；主动进化是依靠人类自己，从大脑的信息环境入手，过程更快捷，效果更显著、目的更明确。

主动进化是被动进化发展到一定程度的必然现象，只不过这种现象的出现很难，因为影响它的因素实在太多。目前人类是唯一真正实现主动进化的动物，其它高等动物至多只是主动进化的萌芽阶段。人类的主动进化能力，很大程度上得益于人类所造就的庞大复杂的社会群体，这些群体的存在使心理产品的形成、积累和传递效率大大提升；人类心理产品的储量远远高于其它动物，信息传承和传递方法也远远高于其它动物，也正是如此，人类才能在主动进化的道路上将其它动物远远地抛在后面。

第四节　人脑的机能状态

一、人脑的全能状态

人脑的全能状态是大脑机能高效运行的良好状态，它在表征上是清醒正常状态，也是人们常说的全意识状态。全能状态下，人脑具有高效协调的互动、认知和意识能力。全能状态既是大脑增值机能的正常状态，也是基础机能的正常状态。

全能状态下，大脑机能也存在正常模式、专注模式和应急模式几种运行方式，正常模式是普通环境中的日常模式，它对维持生存具有重要意义；专注模式是普通环境中的高效专一模式；应急模式是特殊环境中的快捷、高效运行模式，它对应对风险、保证生存具有重要意义，应急模式中不仅大脑的增值机能处于简化、快捷、高效的状态之中，基础机能也常常处于快捷高效的状态之中，所以紧急情况下不仅素控行为简化快捷，心跳、呼吸等生理行为也会发生改变。

二、人脑的低效状态

低效状态是在大脑机能（包括增值机能和基础机能）低效率的工作状态，根据造成低效状态的原因，可分为主动低效状态和被动低效状态。

（一）人脑的主动低效状态

人脑的主动低效状态是大脑为适应生理需要而主动实施的低效状态，睡眠是最常见的主动低效状态，另外，一些癔病也属于主动低效状态，主动低效状态通常容易逆转解除。

（二）人脑的被动低效状态

人脑的被动低效状态是大脑缘于物质或环境因素被动呈现的低效状态。它可分为物质类限定状态和环境类限定状态，物质类限定状态是由于脑神经元成分或结构发生改变而导致的机能低效状态，如，脑震荡后遗症、外伤性植物人、脑出血后遗症等；环境类限定状态是由于神经元运行环境变化导致的机能低效状态，例如，药物导致的麻醉、昏迷，寒冷导致的意识丧失等。当然，物质类限定状态和环境类限定状态常常相继或相伴发生。

三、人脑的失能状态

人脑的失能状态是大脑机能全部丧失的状态，是缘于物质或环境因素导致的机能尽失。其中缘于物质成分或结构的失能状态通常是不可逆的，是人们通常讲的脑死亡状态，而缘于环境因素导致的失能状态理论上有恢复的可能，但它常伴随或诱发物质成分或结构的改变，进而走向不可逆转的地步。

第四章　心理产品的形成过程

第一节　心理产品的形成路径

心理产品（素）是由人类心理活动形成的、储存在大脑神经元内的、相对稳定的心理信息。它的形成取决于素源、感官功能及人脑机能，同时素与素之间、素与素外因素之间也存在复杂交织的相互关系，下面我们结合素的形成模型图对素的形成路径作一简要讲解。

一、素的形成阶段

素形成模型图

（一）先天阶段

一个人的产生秉承于父母，而完成这一传承的物质成分是基因，基因只是遗传信息的载体，遗传信息才是人类延续的核心，遗传信息分为两部分，一是躯体结构信息，它通过控制蛋白质合成，塑造人的物质成分——躯体，二是心理构架信息，它首先通过控制蛋白质合成表达为一定的信息结构，而后通过人脑的心理机能将其蕴藏的信息形成心理产品的先天部分——本体素，也就是说人在出生时只有本体素，群体素与环境素是后天阶段在本体素基础上通过心理机能形成的衍生信息。

遗传信息既支配人类躯体结构的形成也支配人类本体素先天部分的形成，这也是躯体和性格都存在遗传现象的原因所在。遗传信息一定程度上影响着本体素的形成，所以人类的性格能部分地遗传给后代，遗传信息不能操控群体素和环境素的形成，因此品德和认知等心理成分无法遗传给后代，但由于本体素差异导致的群体素或环境素形成过程的先天优势或弱势还是存在的，这些情况在《躯体与素的关系》章节中还将讲到。

（二）后天阶段

人在出生时只有本体素，准确地说也只有本体素的框架结构，本体素在出生后也存在不断完善、逐步表达以及事物具体化的过程。例如，占有欲是与生俱来的，但在后天因素的作用下它会与特定的事物结合，形成金钱占有欲、财产占有欲、古董占有欲等具体内容。

在本体素的基础上，社会群体信息经大脑的心理机能形成群体素；同样在本体素的基础上环境信息经大脑的心理机能形成环境素。群体素和环境素全部是后天形成的，所以它们的内容都是后天因素决定的，先天因素对其影响主要是来自于本体素的间接作用和器官功能的差异。

后天阶段，本体素、群体素、环境素之间不断相互作用，这就是素间作用；同时，后天因素也能对所有素份的素力、素序、素势等素谱状态产生影响；另外，大脑机能、感官功能对素的形成、变化、完善、储存也发挥着重要作用。

二、影响素形成的因素

（一）躯体因素

躯体是素形成的物质基础和承载。一方面，基因核苷酸是遗传信息的承载，另一方面躯体不少器官（如大脑、感觉器官等）的结构和功能，在一定程度上参与了素的形成和变化。

躯体器官的机能是素形成的能力和手段。眼、耳、鼻、舌、皮肤等感官具有感受刺激形成神经冲动的能力，神经纤维具有传递信息的能力，大脑具有接收信息、储存信息、加工信息的能力，这些都是素形成的能力和手段保证，也是影响素形成的重要因素。

无论是躯体的物质部分还是机能部分，它们的差异都会导致素的差异，进而导致行为的差异，这也是不同个体存在性格、能力等方面差异的重要原因之一。躯体对素的影响是共性的，也就是说躯体对本体素、群体素、环境素的形成都会产生影响，当然，这些影响可能在三素之间存在着不同的侧重。

（二）影响本体素形成的因素

1、遗传信息构建了本体素的素份和初始素值

基因是本体素的素源，是形成本体素的先天因素，但其有效成分不是全部遗传信息而是其中的心理构架信息，这些信息经人脑的心理机能加工形成人类的欲望部分——本体素。不过，人在出生时只有本体素的基本素份（三级以上的素份）以及它们的初始素值（强度）、素阈值等要素。遗传信息所控制的本体素在不同个体间也是有差异的，这些差异主要表现为初始素值、素阈值、先天素序、表达时间等方面的不同。

基因遗传信息对本体素形成后的维持也是至关重要的，也就是说，本体素形成之后由于相应基因（信息）的存在，相应素份不会被磨灭和消失，这也是本体素欲望终生存在的主要原因，当然它的素力是会发生变化的。

我们说本体素是先天给予的，是因为本体素的素源是人类的基因，它秉承于人类的父母，我们无法左右；我们说本体素是后天培育的，是因为本体素的充实完善、素力强弱和表达过程同样要受到后天因素的影响，也正因如此，孔子才说"性相近也，习相远也"。

2、后天因素能影响本体素的素力、素序、阈值等素谱状态

影响本体素形成的后天因素包括素间因素、素外因素和素自身因素几部分，素间因素是指三素及不同素份间的因素，它们通过素间作用影响本体素的素力，进而影响相关的素序、阈值等相关内容。例如，我们对某种食物的认知会影响我们的食欲。

素外因素既有环境因素也有躯体因素，它们都对本体素的素力、素序、阈值等造成影响。素外因素对本体素的影响，一方面以相干因素的形式影响本体素的素力，另一方面与本体素欲望结合，成为四级素末节的深化和具体化，甚至可以看成是本体素素份的延伸和扩展，例如，金钱占有欲、言论自由欲、对某个人的爱欲等。

素自身因素主要是源于生物属性造成的素力慢损、素力复平等素力变化。

（三）影响群体素形成的因素

群体素是后天形成的人类心理产品，它的形成主要受以下几方面的影响。

1、群体是群体素的主要素源，它决定群体素的素份

群体是群体素的素源，加入什么样的群体就会形成什么样的群体素，例如，

成为学生就会形成校规遵从，参军入伍就会形成军纪遵从。群规则、群指令是形成指令性群体素的直接因素，它们的内容决定指令性群体素的具体素份；对群核心的认知、认可是形成认可性遵从的基础，群核心的行为目的和需求决定了认可性遵从的内容；群成员间人际环境的适应是形成融入性遵从的直接原因，风俗、习惯、道德等隐性群规则以及人类心理运动规律决定了融入性遵从的素份。

2、素间因素、素外因素能够影响群体素的素力

环境素、本体素能通过素间作用影响群体素的素力，例如，对法律条款的认知理解能增强相关群体素的素力；过强或过弱的本体素欲望（如占有欲、求同欲）会降低或增强相关群体素的素力，并可促发违法、或守法行为。

3、本体素欲望是群体素形成的根本动力

群体素之所以会产生，最根本的原因是由于本体素欲望的存在，群体素的形成也正是依靠和利用了这一点，如果没有本体素欲望，群体素的形成就会失去动力和手段，群体素也就不复存在了。本体素的所有素份都能成为群体素形成的原始动因，而其中最常见的素份有生命欲、占有欲、趋优欲等，例如，为了满足生存需求加入某职业群体，"被迫"遵守相关的规则，形成相应的群体素；为了不受惩罚或伤害而遵守交通法规等等。当然，在多次"被迫"之后，大脑中也就形成了相关的遵从产品，至此初始的动力因素似乎已经不重要了。

从个体角度看，本体素是群体素形成的动力，群体素是为了满足本体素欲望的"被迫"，从群体的角度看，控制本体素欲望是群体素形成的手段和方法。通俗地讲就是"群成员之所以遵从于群体，是因为群体能满足或控制群成员的某些欲望"，当然这种欲望可以是生命欲、趋优欲、平等欲、自由欲、情欲、释欲等本体素的任何素份。商鞅说"人生有好恶，故民可治也"就是这个道理。

（四）影响环境素形成的因素

1、环境素源决定环境素的素份

环境素是后天形成的，环境素的素源是人类生存、生活的环境，它包括人类能够接触、认知的一切。人类生存的环境可以是无限扩展的，从而也导致人类的环境素也可以是无限扩展的。但无论如何人类环境素的源头仍来自于生存环境，它的素份仍由环境素源所决定。例如，有了老虎这种动物，我们才能形成有关老虎的认知；有了物质数量方面的属性才有了数学方面的认知。

相关类环境素的素份也是由环境素源决定的。相关类环境素是围绕某一主题将与之相关的信息综合整理而形成的新认知，尽管这些新认知可能与实际不符、或者本身就是人们设定、假设的，但它在根本上仍发端于环境素源。例如，关于的鬼、神的认知，似乎没有相关的素源，因为从来没有人见到过，但我们仍能从

人们对鬼神的描述中发现些线索——所有的鬼神都和人大致一样，都有头、有身、也有腿，正如古希腊哲学家色诺芬尼所说"马会把神画成马的样子"，由此我们能断定目前的鬼神认知其素源仍是人类自身，只不过人类赋予他们更多的能力和更强的力量罢了。

2、本体素和群体素能够影响环境素的选择

环境素源是浩瀚丰富的，个体或群体只能将其中的一部分内容形成环境素，而欲望和遵从是环境素选择的指引和驱使，所以本体素和群体素是环境素形成的选择者，这也是"实用主义哲学"产生的思想根源。例如，某人为了生活需求去学习汽车修理技术，形成了汽车修理方面的环境素，再例如，某公司派员工去学习推销方面的知识，该员工因此形成了推销方面的环境素等等。

3、本体素、群体素、素外因素都能影响环境素的素力

本体素、群体素能通过素间作用影响环境素相干素份的素力，进而也能改变环境素的素序、阈值或基础素值。例如，食欲好的人大多都对相关食材、食品有浓厚的兴趣；警察都对相关法律都有较高的认知等等。素外因素同样能以相干因素的形式影响环境素的素力。

另外，环境素的形成也受躯体因素的影响，这在前面已经讲过。

环境素形成的心理过程是感觉器官将素源信息传递入脑，大脑的心理活动将这些信息加工、储存成为认知心理产品。心理产品形成之后，这些相干信息也会对它们的状态产生影响。

第二节　基因信息→欲望产品心理过程

一、信息转化过程

基因所携带的遗传信息控制大脑神经元的结构，在这些结构中神经元的生物膜系统是造就先天心理产品的重要所在。基因用自身的碱基对编码控制膜结构，大脑神经元以膜结构为支撑控制膜电位、离子通透能力、放电频率等信息特征，由此基因结构信息转换成心理特征信息，这些特征信息经大脑增值机能分离、解读、加工、储存形成心理产品，这些心理产品能影响个体的行为欲求、行为趋势、行为阈值等行为要素，进而影响个体的性格。我们把这些影响个体行为欲求、先天行为趋势的心理产品叫欲望产品。

人类中枢神经系统从孕期3、4周就已经开始发育，而大脑神经元的快速形成则是从孕期3、4个月开始的，发育过程一直持续至出生后3岁左右才基本定型，当然后期的进一步完善可延续至18岁左右。可见"基因信息→欲望产品"的过程

可能在孕期3—4个月就已经开始，直到出生后3岁左右才基本定型。

遗传信息 ⟶ 欲望产品　过程

二、欲望产品参与相干谐振过程

欲望产品是缘自人类基因遗传的、经心理活动形成并固定于大脑神经元内的、表达人类欲求的心理信息，是人类心理产品的重要组成部分，它体现人类生物特征和进化历程，是人类行为的先天指引。欲望产品通过参与人类心理活动影响人类的行为，这个过程的重要手段就是相干谐振。

相干谐振是在启动因素作用下具有相干关系的心理信息相互作用相互影响的过程。通过相干谐振相关信息得到"有目的"的变化，相关行为得以启动和实施。例如，食物信息被视觉器官捕捉传入大脑，食欲（生命欲的内容）就会与它发生相干谐振，从而使食欲增强，进而促发食物获取行为。

三、欲望产品的后天变化

基因遗传信息决定的只是欲望的基本结构和初始强度，后天相干因素会使欲望强度增强或减弱，也会使它由待激状态转变成激发状态，特殊信息的刺激还会改变欲望的基值。《道德经》说："不贵难得之货，使民不为盗；不见可欲，使民心不乱"说的就是这个道理。例如，奢侈物品会增强人们的趋优欲望；科幻电影、航天知识能增强人们的探索欲望；敌国的侵略会强化人们的捍卫欲望等等。

后天因素还能充实欲望的具体内容，使欲望更详尽、更具体。例如，后天因素能使某些个体的占有欲望与金钱结合出现"金钱占有欲望"、与古董结合呈现"古董占有欲望"等等。

第三节　环境信息→认知产品心理过程

一、环境信息进入大脑过程

环境信息进入大脑的通道入口就是感觉器官，虽然人类有多种感觉器官，但仍有大量的环境信息无法直接被感官识别和捕获。

可以被感官直接捕获的信息（显征信息）进入大脑的方式也是有差别的，它们中有的是直接信息，例如物体的硬度、温度等信息是直接信息，能被人类的触觉器官直接捕获进入大脑，这些信息进入大脑后不需要进行分离就可以加工；有的是载传信息，例如物体的大小、形状、颜色等信息都是载传信息，它们要与载体（可见光）信息结合才能进入大脑，进入大脑后，心理机能要将装载信息与工具信息进行分离。

隐征信息和溶藏信息都要与载体结合才能进入大脑，它们进入大脑后一方面要与工具信息分离，另一方面大脑要利用分解、提取等增值机能进行获取。

环境信息→心理产品过程示意图

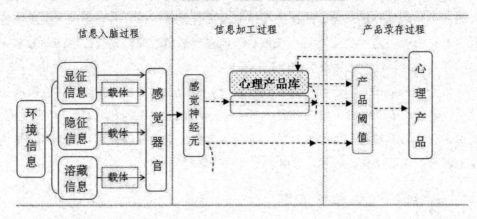

总之，环境信息最终都要通过感官进入大脑，只不过它们有的是直接传递，有的是单层载体传递，有的是多层载体传递。例如，物体的硬度信息可以被触觉器官直接传递，物体的形状信息要与可见光载体结合进行单层载体传递，语义信息要通过语言载体、声波载体进行多层载体传递。

二、信息加工过程

环境信息进入大脑后的加工主要有两步，第一步是感官信息被大脑感觉神经元接收并转换成感觉信息，并产生感觉；第二步是感觉信息的增值机能过程即：比对辨识（知觉形成）和相干谐振。

（一）感官信息→感觉信息

感官信息转换成感觉信息的推测方法是：首先将某段信息形成一个大致的轮廓信息单元，而后依据信息中形态、类别、连续性、规律性、强度、频率等差异将整体信息划分为若干分解单元。例如，一个视野（如房间）的视觉信息，首先形成一个整体轮廓单元，而后根据物体的形状、线条连续性、颜色等特征将其区分为"沙发单元"、"桌子单元"、"墙壁单元"等若干个信息单元；再例如，一句话的声音信息，首先形成整句（或一段）概略信息，再依据语调、语气、连贯性分成若干个词、字单元。如果信息混杂无法精细划分，则只能形成一个大致的整体单元；例如，讲的太快的一句话只能形成模糊的声音信息；毫无规律的噪音只能形成一段噪音信息单元。

感官信息转换为感觉信息单元

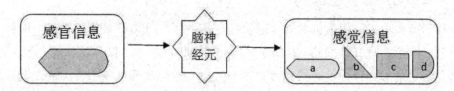

感官信息转换成感觉信息，轮廓单元和分解单元都十分重要，对形成知觉、认知乃至整个心理过程都有重要影响。如果无法形成完整精细的感觉信息，那么后面的知觉、认知都会遇到麻烦。例如，一幌而过的物体，通常只能形成一个轮廓信息，很难形成单元信息，也就无法形成精细的物体信息。

某一感官信息转换为若干感觉信息单元时，各个信息单元的信强通常是不一样的，一般来说整体信息单元信强较弱，分解单元的强度与其大小、反差、形状、频率、波幅等众多因素有直接关系。例如，视觉信息中体积（或面积）大的物体就容易形成强度高的信息单元，进而也容易形成显著的知觉和记忆。如下图，如果你粗略看一遍，"中"字很容易被记住，那是因为它字体大，形成的单元感觉信息更强一点，也更容易形成清晰的记忆。

工 木 三 口 八 开 充 形 有 朱 小 来

东 美 四 过 五 春 选 在 枯 去 产 坏

发 入 市 六 非 故 田 要 的 屋 胡 快

忆 早 虫 睡 地 批 边 车 刊 戈 可 引

审 具 格 宁 正 邮 中 体 轩 黑 权

的 因 刚 风 好 示 都 信 在 南 困 吴

设 高 拓 除 队 阿 后 发 村 替 类 手

无 云 闻 吕 较 哈 西 本 持 右 提 棱

另外，有些字由于与阅读者存在某些关联，它的信息强度也会增强，也更容易被认知和记忆，这是由于相干谐振现象引起相关信息强度升高的缘故。例如，如果你姓"朱"，上面的朱字你就更容易记住。

（二）知觉形成过程

达到一定强度的感觉信息会与心理产品进行比对辨识，同时产生知觉，这一过程就是知觉形成过程，这个达到知觉形成的感觉信息强度就是知觉阈值，达不到知觉阈值的信息无法进行比对辨识，也无法产生清晰知觉，但它们却有可能形成强弱不等的认知产品（记忆）。

（三）相干谐振过程

相干谐振是大脑增值机能的主要手段，是信息产品与感觉信息之间、信息产品与信息产品之间由于相干关系的存在而导致的相互作用、相互影响、信息改变、信息分解、信息合成、信息归类等一系列过程。详细过程可参见《大脑的增值机能》章节。

（三）产品录存过程

无论是感觉信息、知觉信息、还是谐振过程中形成的新信息只要它们的强度达到心理产品的诞生阈值，就会进入产品录存过程形成信息产品。信息能否被录存成为心理产品，与以下几个方面因素有关。

1、与信息强度有关

信息强度是载体信息能量值与装载信息清晰度的综合，信息强度越高越容易被录存，录存的痕迹也就越清晰、越牢固，反之信息强度越低越难被录存，痕迹越浅淡，越容易丢失或遗忘。例如，重大事情的记忆深刻，日常琐事的记忆浅淡；鲜奇的东西记忆深刻，平淡的东西记忆浅淡等等。

心理产品录存过程1   **心理产品录存过程2**

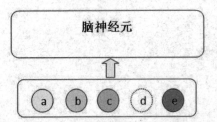

1.强度不同的信息单元到达神经元

2.神经元上留下强弱不同的痕迹，达不到诞生阈值的信息没有留下痕迹。

2、与个体心理产品的诞生阈值有关

心理产品的诞生阈值是信息进入产品录存过程的最低强度值。只有达到或高于诞生阈值的信息才能形成心理产品，低于诞生阈值的信息不能形成心理产品。不同个体相同信息的诞生阈值不一样，同一个体同一心理产品不同年龄阶段的诞生阈值也不一样。例如，同一件事有的人能记住它，有的人则忘了；年轻时能轻易记住的东西，年老时却很难记住（当然这与大脑机能衰退也有关）。

3、与个体的大脑机能有关

心理产品是大脑心理机能对信息加工的产物，所以大脑机能与心理产品的形成有密切关系，大脑处理信息的能力越强，心理产品的形成越容易，产品越清晰越持久，大脑机能越弱，心理产品的形成越困难，产品越浅淡。不同个体大脑机能会有所偏重，有的人对某类信息能力强劲，而对其它类信息则反应平淡。例如，有的人对数字过目不忘，而对音乐则平平淡淡。同一个体随着年龄的增加大脑机能也会发生变化，一般来说青少年时期大脑机能旺盛，老年时则机能低下，所以不同年龄阶段心理产品录存能力是有差异的。

心理产品的录存过程是生物化学电信息处理的过程，它需要一定的物质结构（如生物膜系统、神经突触系统、离子跨膜递质、神经网络等）来支撑，尽管心理信息的强度和形式不象宏观的电信号那样易于观察和控制，但其电信号的本质却没有根本改变。《心理产品学》认为心理产品是刻画在一定物质结构上（主要是神经元生物膜系统）的电压、电势、易激性等信息特征，它的多样性与源信息种类有关，也与其电压、电势、存贮媒介的物质成分和物质结构有关，与引起它的离子种类和数量有关。

（四）记忆、复读、遗忘心理过程

1、记忆

人类对记忆的研究由来已久，也存在众多的理论学说。《心理产品学》认为，记忆是人类心理过程中的一类，是认知心理产品形成和储存的心理过程，它所形成的心理产品是认知心理产品，认知心理产品也叫记忆产品。当人们在日常生活中将记忆用作名词进行交流时，它指的就是记忆产品。欲望心理产品和遵从心理产品的形成和储存过程不属于记忆过程。

2、复读

复读又叫回忆，是认知心理产品经再次比对辨识产生知觉的过程。并不是所有的认知心理产品都能被复读，只有达到一定强度的认知心理产品才能被复读，这是因为强度太弱的信息无法进入知觉过程。我们把能够被复读的认知心理产品的强度叫它的复读阈值。有时，无法复读的认知产品经别人提示或场景再现后又能被复读，这是因为提示或场景信息的进入引起了相干谐振，原本无法复读的信息被相干谐振后信息增强，达到了复读阈值的结果。反复的复读能增强信息强度，记忆效果也就被强化。

3、遗忘

遗忘是认知心理产品强度减弱、消失的过程。遗忘的心理产品无法被复读回忆，也无法实施再认。遗忘的主要原因是素力的慢损，当然，病理性遗忘也是存在的，只不过它的主要原因是缘于神经元结构的改变。

【延伸】强化记忆的方法

记忆是将脑外信息录存入脑的手段，人人都想拥有超强的记忆力，最好能过目不忘、事事皆知，但事与愿违，大多数人都面临记忆困境：想记住的事情记不住，刚记住的事情又忘了。强化记忆能力是许多人梦寐以求的愿望。

《心理产品学》认为，记忆是将脑外信息录存入脑的心理过程。记忆能否成功与两方面因素有关，一是大脑的记忆能力，这主要取决于先天因素，虽然后天训练可以提升，但效果有限；二是信息强度，只有强度达到记忆诞生阈值的信息才能存入大脑形成记忆产品，信息越强记忆越深刻、信息越弱记忆越微弱。就象在石板上雕刻，雕刀和石板是先天提供的，它们的质量和硬度后天很难改变，但是雕刻技术和内容后天可以调控，并且有相当大的空间，二者就相当于记忆过程中的大脑机能和要加工信息的强度，能否在石板上留下清晰记录既要靠前者更要靠后，只是前者的改变更困难。

入脑后的信息强度也取决于两个方面，一是信息自身的强度，它与信息特征有密切关系，例如，一篇文字中某个字体非常大或者被标以醒目的颜色，它形成的视觉信息强度就高，就容易被记住；再例如，重大事件信息强，人人都能记住等等。不过自然信息中强度很高的事物毕竟是少数，学习的内容更是如此，长篇论著中，成千上万的字词信息，强度微弱且差别微小，大脑对这些多而弱的信息通常都视而不见。二是入脑后的信息强化，感官信息入脑后，大脑都要对其进行处理，这个处理过程就包括信息的强化，而强化的主要手段就是相干谐振，在相干谐振过程中，与之相干的信息都将参与进来，通过电生理振荡等复杂过程，可以使原信息强度发生变化，显然，与之关联的信息数量越多、强度越高，信息强化的效果就越明显。

基于此，要增强记忆效果可采用以下方法：

1、重复接触

对某一事物的重复接触，大脑就会对其进行多次的相干谐振，即使每次谐振后强度只增加了一点点，只要次数多，它的强度也会达到或超过记忆的诞生阈值，形成清晰稳定的记忆也就不是问题了，正所谓"滴水穿石"功在恒久。这种方法也是大多数人采用的方法，只是它耗时费力，还容易激发厌烦情绪。

2、关联

某一信息关联的其它信息越多，在相干谐振中来帮忙的信息也就越多，其效果自然就越强。难记住的事物往往是缺少关联的事物，例如，单纯的数字、字母，泛泛长长无关紧要的许多话等等；容易记住的事物往往是存在众多关联或高强度关联的事物，例如，钱的模样，它有广泛的关联；再例如，老虎，它与危险、生命、安全等都有关联且强度很高，所以见到一次你就会有深刻的记忆。

人类具有主动性，可以将没有直接关联的信息进行人为关联，如事物关联、谐音关联、形象关联、比拟关联等众多关联方法都可以使用，这样，本无关系的事物就可以与现有记忆中的许多信息产生了关联，信息强度就能大大增加，记忆也就可以变得清晰和容易。例如，某个人很象你表哥，你就很容易记住他，这是因为你将他和你表哥的形象建立了关联；再例如，门牌号587，汉语谐音可以关联为"我霸气"，这样你就记住了。

3、搭车

人都有感兴趣的事物，也都有很讨厌或伤心的事物，无论兴趣或讨厌，它们在你的记忆中拥有很牢固的地位，如果将某些不易记忆的事物搭在这些事物上，它们的记忆地位也会因此而强化。这也算是关联的一种吧，只不过它是定向关联、也是个趋强关联、专找硬茬的关联。例如，你很喜欢打麻将，可以把记不住的事物和打麻将挂起钩来，这样就记起来了。

搭车的方法也可以把难记忆的事物信息挂靠在容易记住的事物上，从而获得信息的增强和记忆的牢固。现实中人们常把难记忆的事物捆绑在图画、图表、地图、顺口溜等容易记住或容易表达的信息上，进而使难记忆的事物变得容易记忆。例如，用顺口溜记忆各省名称和省会名称，用地图协助记忆各地特产等。

4、归类（找规律）

归类是将信息中共同的部分提取出来，然后根据特征类别分类处理、分类记忆，这样既增加了一次关联过程，又避免了大量信息混杂时的谐振疲劳，从而提高了效率，强化了记忆。例如，短时间记住100个人的名字是困难的，你可以把姓王的归一组，姓李的归一组，姓刘的归一组…等等，这样每一组可能没有几个，记忆起来也容易多了。

5、探索

探索是对某些确实难记的事物进行深入的研究，这种方法之所以能强化记忆是因为它发挥了联合作用，一是增强了接触次数，相当于进行了重复，二是能发现你不知道的细节，激起了探索欲的兴奋和参与，相当于关联了探索欲，三是一旦你能有所发现还能激发你的认可欲、彰显欲等素份，那样不仅参与的素份增加了，你的动力也会增强，说不定还能形成永久的记忆。例如，总是记不住某个人，你可以对其进行仔细观察或经历调查，终能发现他的不同之处，于是也就记住了。

6、专注

专注是对某一信息主动感觉和认真察知的过程，专注能提高记忆效果的心理基础是：专注情况下其它无关信息都将被拒之门外，从而减轻对大脑的干扰、提高大脑效能、增强谐振效果，最终强化记忆效果。专注既要从主观方面努力，做到心无旁骛，又要从环境方面做起，减少信息入侵，所以，良好的学习环境和专心致志的状态都是不可或缺的。

7、博学

博学是指广泛地学习，扩大认知素宽，增加相应素深。博学之所以能强化记忆主要有两方面的原因，一是大脑机能具有提高性，多学习、多用脑能使大脑机能得到锻炼，使信息录存的"笔锋"变锐、存储结构优化、能力增强；二是博学扩大了心理信息的含量，给需要记忆的信息更多的关联机会和强化可能，所以博学者往往都有较强的记忆能力。

8、标注

标注就是在难记忆的事物上施以标记、注释的方法。例如，对文章中重要的句子进行加粗、描红等操作，对难以理解记忆的词句进行注解等。标注强化记忆的效果来自两个方面，一是一定程度上增加了被标注信息的强度，例如，当被标注的文字被加粗、描红后，它的颜色反差增加了，信息强度也就增强了，二是标注可以增加重复次数和扩大关联范围。

强化记忆的方法还有很多，只要你知道记忆的心理过程，许多方法自己就可以摸索出来。

总之，记忆力取决大脑机能和记忆方法两个方面，大脑机能是记忆的基础，它主要取决于大脑的先天（物质结构）因素，并且与生理阶段有较大关系，例如，儿童阶段大脑尚未发育成熟、年老时大脑又开始退化，这些阶段大脑机能是低下的，它们所导致的记忆力低弱问题改善的空间较小。记忆方法是着眼于提高信息强度的策略，是通过一定的手段强化被记忆对象的信息强度，以达到形成记忆、强化记忆的目的。不过，改进记忆方法强化记忆是一种主动行为，只能用于主动记忆，对于被动记忆（例如你在生活中无意间接触到的事物）它常常力不从心（这类事物的记忆能力可以从改善本体素相关素份素力入手解决，但不是我们今天要讨论的内容）。

第四节　群体信息→遵从心理产品过程

遵从心理产品同样是后天形成的，它的素源是人类社会的群体，但并非群体中所有的信息都能经过心理加工形成群体素，而只是其中的行为约束规范信息才是群体素确切的源头。从某种意义上讲，群体素的素源也是环境，只不过它是环境中特殊部分的特殊因素，是社会群体中的行为约束规范信息。

从行为约束信息到遵从心理产品的大致路径如下：

行为信息和行为约束规范信息同时或相继进入大脑，而其中的约束规范信息往往对本体素某些欲望产生扶助或压制作用，并由此对相应本体素形成同向或异向作用，产生良性或不良体验，大脑随即将行为信息与体验信息整合，在本能尺度作用下形成某行为"可、否"的抉择信息，这个行为抉择信息被固定储存下来便是遵从心理产品。它只与相同行为或相同体验相干，所以遵从心理产品只有在相同行为信息出现时才会被激发，而且它不是对行为的认知，只是对行为"可、否"的决定信息。这个过程常常被人类借用训化动物，例如，发出口令让狗做某个动作，然后给它肉吃，几次反复后，狗就会形成口令遵从，这是通过扶助本体素促使遵从意识形成的方法；当然也可用压制本体素的方法促成遵从意识的形成，例如，每当狗发起某行为时就打它，几次反复之后狗也会形成某种遵从。

由于人类掌握了语言、文字等交流工具，所以，人类遵从心理产品的形成又多了另一条路径。那就是用知识传输（教育）的方法，来促成某些遵从心理产品形成，这也是普法教育的心理依据所在。

用知识传输（教育）的方法促成"遵从"形成的路径稍微复杂一点，当行为信息和本体素扶助/压制信息通过教育的方法（知识传递）传入大脑时，由于相干谐振的存在，这些信息同样能关联起脑内的行为认知和本体素"助/压"体验，大脑同样能将这两个信息整合起来进而形成行为遵从心理产品。例如，给某人讲"偷东西要被拘留"，他就能将"偷东西行为"和被拘留的不良体验整合在一起形成"不偷东西"的遵从；再例如，给某人讲"做好事会受到表扬，会得到别人认可"，他就能将"做好事"行为与受表扬的良性体验整合起来形成"做好事的遵从"等等。当然，教育促成遵从心理产品的形成有一个前提，那就是被教育者存在相应的行为认知和本体素助/压体验，例如，给某人讲"闯红灯要罚款"，如果他根本就不知道什么是"红灯"或者他是小孩根本就不知道钱有什么用，更不知道什么是"罚款"，那么这些教育就不可能促成相应的群体素。这也是用教育方法训化动物无效的原因。

教育促成群体素形成的方法可能不如结合本体素"扶助/压制"的效果确实，但它可以在行为未实施之前进行，具有显著的提前性和良好的社会效益，不失为促成群体素形成的一条捷径，但最好是二者有机的结合。

遵从心理产品和其他心理产品一样，形成过程也需要录刻储存步骤，所以，不是每一次行为中的约束规范、或教育传授都能形成显著的群体素，达不到产品诞生阈值的信息就无法形成群体素，微弱的刺激信息可能需要多次反复才能被加工录存，而强烈刺激可能一次就能形成清晰永久的遵从印记。

第五章　心理产品分述

心理产品是人类心理活动形成的、储存在大脑神经元内的、相对稳定的心理信息，为了方便，我们又把心理产品叫做素；人类心理产品的内容众多，根据心理产品源头、性质和作用的差异，我们将其分为本体素族、群体素族和环境素族。

本体素族是人类心理产品中的欲望部分，它的源头是人类的基因遗传信息；群体素族是人类心理产品中的遵从部分，它的主要源头是人类生存的社会群体；环境素族是人类心理产品中的认知部分，它的信息源头是人类生存生活的环境。

第一节　本体素族

本体素的本质是欲望信息，关于人类欲望的论述众多，荀子说："人生而有欲，欲而不得，则不能无求…"（《荀子·论礼》），"生之所以然者谓之性"（《荀子·正名》）。孟子说："恻隐之心，人皆有之；羞恶之心，人皆有之；恭敬之心，人皆有之；是非之心，人皆有之…"（《孟子·告子上》）等等，这些都是对人类本体素相关内容的论述。

本体素族是本体素所有素份的总称。在本体素族中，一级素是本体素，二级素包括生存素、繁衍素、存在素和情素，三级素的素份较多，其中生存素的子素有九个，繁衍素的子素有三个，存在素的子素有五个，情素的子素有五个，本体素族四级素份内容繁多。本体素族的素份遵循级别越高越概括、级别越低越具体的规律，四级素是素末节，具体素份称素条，是直指具体事物的欲望，是欲望的事物具体化。

本体素的素源是人类自身的基因，是基因遗传信息作用于人类心理的结果，所以本体素一、二、三级素份相对稳定，但这并不表明本体素众人一致、一成不变，相反本体素也具有个体差异性和发展性。

本 体 素 族

一级素	本 体 素（素源：本体基因）																					
二级素	生 存 素									繁 衍 素			存 在 素					情 素				
三级素	生命欲	占有欲	领地欲	控制欲	趋优欲	舒适欲	探索欲	捍卫欲	筹谋欲	繁殖欲	护子欲	优子欲	自由欲	平等欲	求同欲	彰显欲	认可欲	爱欲	恋欲	悯欲	馈欲	释欲
四级素	健康安全等	***	***	***	***	***	***	***	***	***	***	***	***	***	***	***	***	***	***	***	***	***

本体素的个体差异性主要表现在两个方面：

一是先天差异，这是基因遗传的结果，人类基因的种群一致性决定了本体素的素份轮廓大致相同，但基因的个体差异性也决定了本体素先天素序、基础素值、素阈值、表达时间等方面的差异；二是后天差异，后天差异是素间作用与素外作用影响的结果，主要表现在实际素力、素序以及四级素份的不同。本体素的差异性是人类个体间性格差异的重要因素之一。

本体素的发展性主要表现在以下几个方面：

一是从人类进化历程看，人类本体素的素份也在逐步变化之中，这是人类进化过程中基因适应性改变的结果，也是环境选择的结果，只不过这个变化非常缓慢，短时间、横向比较几乎无法察觉，但从长期纵向的角度看就会发现人类本体素的素份也在变化。例如：随着人类社会的发展，本体素中逐步出现了存在素和情素的内容，而生存素、繁衍素部分素份的素力在不断减弱，未来随着科技的进步和环境素的发展，预判有些本体素份有消失的可能，同样，存在素和情素内容将不断丰富，出现新素份的可能不是没有。

二是从人类文明发展史看，人类群体素和环境素内容不断丰富，导致本体素的素序在不断的调整中前进。

三是本体素的四级素份是本体素与环境实际相结合的结果，是人类欲望的事物具体化，四级素的扩展带来了本体素素宽和素深的增进。

一、本体素的特征

本体素（族）是人类三素之一，是人类心理产品的重要组成部分，与群体素和环境素相比，本体素具有自己明显的特征。

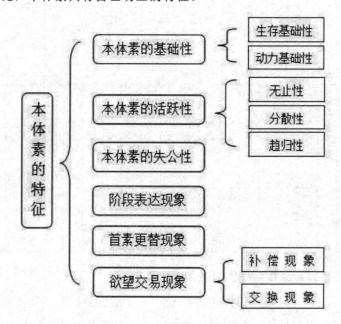

（一）本体素的基础性

本体素的基础性包括两个方面，一是生存基础性，实质上就是维持生命存活的前提性。人是有生命的生物体，人类的一切机能和行为都必须以生命存活和生存保证为前提，本体素的内容和指向正是围绕这一前提展开的，这就是本体素的生存基础性。

本体素的生存基础性主要体现在以下四点：

1、在本体素子素中无论生存素素力是否居于首位，其它素力必须在生存素欲望基本满足的前提下才能稳定、有效地激发和发起行为。

2、在生存素子素中无论生命欲素力是否居于首位，其它素力必须在生命欲望基本满足的前提下才能稳定、有效地激发和发起行为。

3、在生命欲的子素中无论存活欲素力是否居于首位，其它素力必须在存活欲基本满足的前提下才能稳定、有效地激发和发起行为。

4、含有生存素/生命欲/存活欲的先天素序中，其首位素总是生存素/生命欲/存活欲。

当然生存素、生命欲、存活欲的基本满足也是一个动态标准，不同群体、不同时代人们对生存素、生命欲、存活欲基本满足的认知标准也是不同的。

二是动力基础性，又称源动性，是指人类心理产品的形成（素的产生）、素控行为的促发根本上都发源于本体素的特性。从素的形成看，人在出生时只有本体素，群体素和环境素是外部因素与本体素共同作用的结果；三素中，无论是群体素还是环境素，它们形成的内因都是本体素的驱使。如果没有本体素需求，群体就不是必须，群体素也就失去了生成的动力和存在的必要，可以说本体素是群体素存在的基础。环境素形成的外因是环境，内因同样是本体素（如探索欲、趋优欲等）欲望，如果没有本体素欲望，人们就不会无止境地去认识环境、探索环境，也就没有人类环境素出类拔萃式的发展。总之，本体素是群体素、环境素形成的源动力，从更深更广的角度讲，本体素是人类一切行为的源动力，这就是本体素的源动性。

（二）本体素的活跃性

本体素的活跃性表现在三个方面：一是本体素力的无止性；二是本体素力的分散性；三是本体素力的趋归性。

1、本体素力的无止性

本体素力的无止性是指本体素欲望永不满足，源动力永不枯竭的特性。从本体素整体来看，欲望始终存在，某一素份的欲望满足了，其它素份的欲望又出现了，同时由于本体素源于基因遗传信息，它的素向将持续存在，满足只是暂时的、相对的，不满足却长存的、始终的。从人类整体看，随着人类的进步和发展，本体素欲望也在不断地提升和发展。

2、本体素力的分散性

本体素力的分散性是指本体素的素向互不一致的特性。本体素的分散性来源于两个方面，一是不同个体本体素素向相互不同，它们都指向各自的本体，二是同一个体不同素份的指向也互不相同，例如，本体素占有欲素向是物质占有方向，本体素控制欲素向是权力、行为控制方向，等等。我们把本体素不同个体之间、以及同一个体不同素份之间素向相互不一的特性叫本体素的分散性。本体素的分散性决定了人类源动力的方向是互不统一、杂乱无章的，由此也决定了人类群体生存方式的合理性和必要性，人类只有通过群体方式整合（统一指向）本体素的源动力，才能适应认识环境、利用环境、改造环境、发展自身的实际需要。

3、本体素的趋归性

本体素的趋归性是指本体素始终保持着追逐欲望满足的特性。本体素趋归性的本质是：遇到相干因素刺激便引起素力变化，一旦素力变化便会产生谋求素力回归的渴求，而寻求同向相干因素或发起欲望满足行为就是解决这种渴求的方法。

本体素趋归性在个体主要表达为向欲望易满足的外部因素靠近，在群体主要表达为向欲望易满足的因素聚集。这也是人们"群集"、"围观"、"趋之若鹜"等行为的心理基础，也是许多情况下"一呼百应"行为的心理基础。本体素的趋归性在不同的素份可有不同的行为表达，例如，求优、求美、求占有、求舒适、求流行等等。

长期以来，人类有一个认知偏差，常常以一种先入的方式把本体素欲望定位在"阴暗"的位置上，不是不承认，就是要压制，或者片面强调单一扶助，即便是人类文明高度发展的今天，这种偏见仍然大有市场。以科学的、全面的态度看待本体素欲望，正确把握本体素的基础性和活跃性，对人类的发展具有十分重要的意义。

（三）本体素的失公性

本体素的失公性是指由于本体素的存在，导致人们在形成认知、评判行为、启控行为时发生偏向的特性，它是本体素固有指向的行为体现。例如，人们在进行行为评判时往往偏向多数人的见解，遇到事时总把结果往好的方向想，自己与他人意见不一致时常常只强调自己的理由，看到一个弱者与一个强者打架时往往会声援弱的一方，当自己的国家与他国纠纷时总爱偏向自己的国家，甚至在文学作品中也表现出同情、赞誉、偏向与作者有相似因素（经历、身世、地位等）的人物等等。本体素的失公性也是许多政府部门"回避制度"的心理依据，也是"爱屋及乌"现象的心理基础。

造成本体素失公性的主要原因是本体素欲望自身的素向，例如生存素、繁衍素多是利我指向，存在素多是自我存在表达指向，情素多是自我情感联络指向，它们的下级素又有更具体的素向，这些素向作用的后果多种多样的，但却都能在相关行为中留下痕迹。例如，在生存素的影响下，人们会赞同爱惜生命者、反对残害生命者；在探索欲作用下，人们常倾向于神秘答案，也总试图给未知事物予以解释；在存在素的影响下，人们会赞同倡导自由、平等者，反对专制、霸权者；在繁衍素的影响下，人们会支持爱护儿童者，反对虐待儿童者；在情素的影响下人们会赞同有爱、有悯者，反对无情无义者等等。当然，在更低级素份的影响下还有更细、更深入的表达，例如，夫妻吵架时往往只强调对方的不足，而弱化自身的不足，这是捍卫欲、趋优欲作用的使然；评判一件物品时常常只从自身的需要出发，这是占有欲、趋优欲作用的结果；正是本体素失公性的存在，给人们认识事物、评判行为埋下了先天的隐患。

本体素失公性的原因不是环境素给予的认知也不是群体素赋予的遵从，而是本体素的生物特性，它在主观上不是有意的，但却是客观存在的，它倾向于个体的精神体验，而不是客观依据。

本体素失公性缘自本体素的素向，所以想要完全避免是困难的，尤其是在缺少必要的环境素引导和群体素约束时，本体素失公性常常会使认知发生错误、评判失去公正、行为发生偏差，人们应当通过强化认知引导，增加群体素规范来加以克服。例如，看到美好的东西人人都会产生拥有的欲望，但有法律规定的存在，大家都不会去侵占；再例如，在"日心说"没被实证之前，大多数人更愿意相信"地球是宇宙的中心"，当"日心说"被证实之后这种情况便发生了改变。

（四）本体素的阶段表达现象

人类本体素受基因表达阶段与躯体发育的双重影响，表现出阶段性的素力增强和素序变化特征，人在出生时就存在本体素，只不过受躯体功能的限制和基因表达时序的影响，许多素份素力无法表达为行为。随着躯体的成长发育，本体素受限素份的素力开始增强和表达，但并不是所有素份同时增高，而是阶段性、部分性地增高和表达，这也是"生理素势现象"形成的原因之一。例如，婴儿阶段生存素生命欲高位表达，婴儿大部分行为都与吃有关，什么东西都爱放在嘴里，幼儿时期存在素探索欲处于高位，所以幼儿的行为表现为好奇爱动等特征，青春期繁衍素繁殖欲性欲、存在素自由欲、彰显欲等相继发力，所以青少年表现为性冲动、叛逆、爱表现等特征，当然这些行为也会受群体素、环境素的影响而呈现差异。

（五）本体素的首素更替现象

本体素的首素更替现象又称欲望循环规律，是指在大多数个体的本体素实际素序中，没有一成不变的首位素份，首素欲望总是在"满足-衰退-更替-再满足-再衰退-再更替…"中运动、循环和提升。这种首素欲望的循环可以在本体素的二级素间进行，也可以在本体素的三级素间进行，如由生存素更替至存在素，或者从生命欲更替至趋优欲再更替至求同欲等等。

首素更替现象的心理基础主要是素力慢损，本体素欲望达到一定素力，外界因素的刺激不再增强，慢损便成为必然，从而导致首素的素力减弱，最终被其它素所取代。例如，一个人在开始时追求钱财物质，物质欲望满足至一定程度后开始追求名声、地位等需求，其本质是占有欲上升至一定程度后开始减退，存在素认可欲增强并成为首素，再后来可能是其它欲望的上升与新的首素更替。

（六）本体素的欲望交易现象

本体素的欲望交易现象是指升高的本体素素力可以通过补偿、交换的形式使之降低或恢复基值的现象。欲望交易现象包括补偿现象和交换现象，其中补偿现象的本质是相干因素作用的结果，而交换现象通常不是相干因素作用的结果。

1、本体素的欲望补偿现象

欲望补偿现象是指素力升高的本体素素份受到负相干因素的直接刺激，素力降低或恢复基值的现象。通俗地讲就是"在哪里跌倒了还在哪里爬起来"的现象。例如，你丢了500元钱，很伤心，我就帮你把钱找了回来，或者我直接给你500元钱，你就不伤心了。

现实生活中，人们经常利用欲望补偿现象来解决实际问题，例如自然灾害中某个体受到了经济损失，政府就用经济补偿的办法来解决问题。再例如《汉莫拉比法典》中隐含的"以眼还眼，以牙还牙"的同态对等处罚原则就包含着欲望补偿现象的朴素认知。补偿现象也是人们比较认可的"杀人偿命，欠债还钱"等朴素认知的心理基础，当然这其中也有平等欲参与的成分。

2、本体素的欲望交换现象

本体素的欲望交换现象是指改变本体素某素份的素力，可以使其它不相干且处于激发升高状态的素份素力降低或恢复基值的现象，它的本质是激发干涉，属于素内因素导致的素力变化。例如，某个体被人殴打，导致其本体素生命欲、捍卫欲素力异常升高，这时可以用经济补偿的办法提升他的占有欲素力，或者用惩罚打人者的办法，让受害者平等欲素力得以提升，从而使受害者的安全欲、捍卫欲素力恢复正常。再例如，某小孩跌倒后大哭，如果给他一颗糖或表扬一番就能让哭泣行为停止等等，这些都是欲望交换现象的应用。

本体素的欲望交换现象是商品交换活动、乃至人类经济活动的心理基础。在商品交换过程中，人们失去拥有的东西捍卫欲素力升高时，可以通过得到其它东西的方法使欲望得到交换满足，由此，人们将这两种活动同时进行，在失去的同时又有所得到，于是就避免了某一素力异常波动的现象。例如，我们用金钱购买食物，我们的捍卫欲或占有欲并未表现出明显变化，但如果我们没有得到任何东西而钱被别人拿走，则我们的捍卫欲或占有欲素力就会剧烈上升。欲望交换现象是法律惩戒、补偿措施的根基，也是"道歉"行为存在的心理依据。它经常被人类用来进行行为干预、制定法律条款等。从心理学的角度看，商品交换的本质是人们之间的欲望交换，商品的价值是商品能够满足人们欲望的量化确认，是人们进行商品交换行为的对等依据。货币是欲望交换过程中的通用媒介物。商品的价格是欲望交换双方对单位商品能满足欲望的量化协议值。

【延伸】欲望交易现象中的平等意向和平等困难因素

欲望交易现象在现实生活中非常普遍，从法律奖惩措施到理赔补偿活动，从商品交易到薪金报酬无不有欲望交易现象的存在。但在欲望交易现象中存在两方面的问题，一是平等意向，二是平等困难因素，这两方面问题的存在致使上述活动经常矛盾重重。

平等意向是人们在欲望交易活动中谋求欲望付出和欲望收获在量上对等的期

望。它在现实中表现为"物有所值"、"价格公道"、"赏罚得当"、"买卖公平"等平等诉求，平等意向的心理基础是存在素平等欲，平等欲促使人们发起平等思维行为，当现实行为能满足平等欲望时人们会产生公平认知和愉快情绪，当交易行为不能满足平等欲望时人们就会产生不平等认知和消极情绪，并依据本能尺度和认知尺度对交易行为进行评定。

平等困难因素是指在欲望交易类活动中影响平等交易的诸多因素，它主要有以下三个方面：其一是欲望本身的难度量性，因为欲望是人类心理信息成分，它很难用常规的物质手段去度量，例如，我们无法测量占有欲的重量、长度或体积；其二是欲望之间的难对比性，欲望虽然存在交易现象，但由于欲望的指向不同，满足条件和方式也千差万别，因此不同欲望之间很难进行比较，例如，我们很难确定监禁罪犯多长时间（自由欲）才和受害者的伤害（健康欲）相当，也无法确定听演唱会（舒适欲）和多少钱（占有欲）对等；其三是欲望满足的不稳定性，欲望是人类心理的活跃成分，它很容易受到相干因素的影响而发生改变，也就是说欲望满足是不稳定的，已满足的欲望很容易受到相干因素的影响又变成不满足欲望，甚至随着时间的推移欲望满足也会发生改变，例如，我们购买了一件商品，当时觉得物有所值，欲望满足，可是当另一个人说他买了同样的商品价格更便宜时，我们很快就会觉得吃亏了。

欲望交易现象中的平等意向和平等困难因素是一对矛盾，这对矛盾的存在为分配不公、炒作现象、贫富差距等现象的出现埋下了伏笔，也是群体稳定的负向心理因素。

欲望交换现象也是职业分工的心理基础，某一职业能够满足某方面的欲望，其它职业能满足其它方面的欲望，其间的互补满足由欲望交换来完成，其具体形式和承载就是商品交换，货币在此承担了媒介的作用，它使欲望交换变得容易和快捷。

欲望交换现象和素间相干因素都能对素力产生影响，但二者是有明显区别的。首先，欲望交换现象的本质是激发干涉，属于素内因素引起素力变化的结果。交换现象只能针对于本体素欲望，而素间相干因素则适用于所有素之间；其次，欲望交换现象中素份之间往往没有相干关系，而素间作用则必须存在相干关系；再者，欲望交换现象只发生于素力明显变化或潜在变化的素份，其结果使处于异常的素力恢复正常或正在变化的素力停止变化，而素间相干因素的作用对于待激态及激发态的素都起作用，其结果使相关素份素力都发生变化。

【史证故事】惩儿息事

唐朝李景让在浙西担任观察使期间，有一次军队内部群情激愤，气氛紧张，眼看就要发生事变。原来，李景让性格暴戾，不懂得爱护士兵，军中多有怨言，有一位牙将顶撞他，李景让竟然命令卫士用刑杖将牙将活活打死，此事激起公愤，内乱一触即发。这件事被他的母亲郑氏知道了，她走出内室一看，士兵们一个个瞪着眼睛，说话粗声粗气的，憋着一肚子的怨恨。她把一个士兵拉到身边，友善地和他说话，了解情况，有士兵把事情原委告诉了她，这位聪明的母亲深知问题的严重性，她拿定主意，命人将儿子叫到庭前，当着诸位将士的面大声斥责道："皇上把浙西托付给你，你理应把这块地方治理好。可是，你却滥杀无辜，激怒将士，万一由此发生动乱，你如何对得起朝廷和浙西的老百姓呢？"李母越说越生气，禁不住声泪俱下："你在任上发生了如此不光彩的事，叫我如何还有脸面活下去？你不是想活活气死我吗？这样不忠不孝的人，留着又有何用呢？"说毕，命人剥掉李景让的上衣，用鞭子狠抽其背，直打得鲜血淋漓，伤痕累累。将士们看到李母这样责罚儿子，气消了大半，纷纷上前求情。最后，李母饶了儿子，军中的不满情绪也由此平息了。故事分析：李景让滥杀部下使官兵的平等欲、认可欲、捍卫欲等素份受到强烈刺激素力高涨，李母及时用处罚儿子的办法使官兵的平等欲、认可欲等素份素力得以平复，其间欲望补偿和欲望交换起了至关重要的作用。

二、本体素的性质分类

本体素按性质可分为物质欲望和精神欲望。物质欲望是指向物质类事物的欲望，精神欲望是指向精神类事物的欲望，例如，生命欲包含的衣食住行欲望，属于物质欲望，存在素的自由欲、平等欲、认可欲等属于精神欲望。

物质欲望是精神欲望的承载和基础。

物质欲望对精神欲望的承载主要表现在精神欲望需要物质来体现，例如，平等欲从本质上看是精神欲望，但具体到素末节时可能表现为物质欲望，如要求工资平等、待遇平等。再例如，自由欲是精神欲望，但其通常需要物质类行为来体现，如衣食住行的自主，甚至是时间空间的不受约束等。

物质欲望是精神欲望的基础还有另一层含义，因为人类是生物体，物质的满足是生命存活的前提，只有当物质欲望基本满足之后，生命才能正常运转，精神欲望才能被表达和体现，中国有句古话"衣食足而知荣辱"，既是对本体素基础性的阐释，也是对物质欲望基础性的解读，二者具有相通之处。

物质欲望与精神欲望之间也存在相互影响相互制衡的关系。物质欲望强大时，精神欲望会减弱，精神欲望强大时物质欲望会减弱；对同一个体来讲，物质欲望升高到一定程度会出现向精神欲望转化的倾向，同样精神欲望有时也存在向物质欲望转化的可能，这是素份运动的结果，也是首素更替现象的表达。例如，某个体成为富翁后开始追求名声、地位（认可欲）、开始向往自由自在的田园生活；某人出名后开始追求物质享受和钱财占有等等。

三、本体素的素向状态——本能态与逆本态

1、本体素的本能态与逆本态

本体素的本质是欲望，欲望是有指向的，也就是本体素的素向。我们把本体素的素向与生物本能属性相一致的状态称为本体素素向的本能态。例如，生存素的生存维持和优化，繁衍素的个体延续和增量，存在素的存在表达和存在扩展，情素的感情联络与沟通，这些都是与生物本能属性相一致的素向，也是本体素的日常素向。

本体素的本能态与逆本态特征

特征 子素	本能态		逆本态	
	指　向	行为举例	指　向	行为举例
生存素	利我生存	躲避危险等	非利我生存	忘我，无我等
繁衍素	利我延续、增量	生子，优子等	非利我延续	不生育等
存在素	存在表达和扩展	表现自我等	存在隐藏和收缩	隐居等
情　素	感情联络与沟通	爱、恋、交流等	感情封闭与孤立	自我封闭行为等

然而，当特殊因素作用时，上述本体素的素向会发生逆转，生存素的素向逆转为非利我生存，繁衍素的素向逆转为非个体延续和增量，存在素的素向逆转为个体存在的收缩或隐藏，情素的素向逆转为情感的封闭或孤立。我们称本体素的素向与本能态不同的状态为本体素素向的逆本态。

逆本态时本体素的基本特性依然存在，也就是说，逆本态时本体素的基础性、活跃性等特性并未改变，只不过这些特性是在另外的方向上表达而已。

本能态与逆本态是本体素素向相异的两种存在状态，二者非此即彼，不会在同一个体同一素份同时存在。本能态是常态，逆本态为非常态。

本体素由本能态转变为逆本态的过程叫素逆转。素逆转的结果不一定都是素向相反，它包括有别于原向的其它多种方向。例如生存素向由利我素向转为非利我素向，非利我不一定都是有损于我，它还包括漠视本体等，当然也包括有损于我。

素逆转通常是强烈或持续的素间或/和素外因素作用的结果。逆本态分暂时逆本态和持久逆本态，暂时逆本态是一种不稳定的逆本状态，是指影响因素作用（通常是强烈作用）时本体素某些素份处于逆本状态，影响因素消失后，逆本态又

转回本能态的现象，持久逆本态是相对稳定的逆本状态，是指影响因素减弱或消失后逆本态仍然持续存在的现象，一般来说由环境素（认知）引发的逆本态多呈持久逆本态，由群体素或素外因素引发的逆本态多呈暂时逆本态。

逆本态的特征是：部分（或全部）本体素素份表现为素向异向，而其它本体素素份则处于隐抑状态。

例如，某个体患重病差点死去，被抢救治愈后一反常态，出现了不再去追求钱财权势，不再追求舒适享乐的行为趋向，就是部分素份逆本态的行为表现；另外，佛家的"四大皆空"、"觉悟"等都有追求持久逆本态的意向。有时人们会"突然有一种想死的冲动"，有时会"突然有一种放弃一切欲望的想法"，这些都是短暂逆本态思维行为，它们往往没有日常的目的，仅仅是一种反常的欲望。

本能态是大多数人本体素的日常存在状态，所以大多数人的本体素行为都是本能态行为。逆本态只是在特殊情况下个别个体的本体素状态，其主导行为也是少数个体个别行为，但仍是不可忽视的现象。因此，这里声明，除了特别注明，本书讲到的本体素素向状态均为本能态。

本体素由本能态逆转为逆本态时，一个或几个本体素的素份表现为素向逆转，而其它本体素的素份则处于隐抑状态。我们称处于逆转的本体素份为逆XX素（欲），如逆生命欲，逆繁衍素等，其主导的行为也称为逆XX素主导行为，如逆生命欲主导行为等。

2、逆本态行为

逆本态行为是指逆本体素主导（或独控）的行为。例如，顺治放弃皇位出家为僧的行为就是逆情素、逆控制欲主导行为。再例如，高僧的无欲无求是全本体素逆本态行为；自闭症患者通常是逆存在素或逆情素主导行为。

逆本态行为必须符合几个条件：

其一，逆本态行为必须是本体素主导（或独控）行为，如果是群体素主导行为或环境素主导行为则不是逆本态行为；

其二，逆本态行为时，其素向、行为目的是与本能方向显著不同的；

第三，本体素的其他素份处于隐抑状态。

3、逆本态行为与执着行为、极端行为的区别：

逆本态行为是逆本体素主导的行为，它必须符合上述三个条件；

执着行为是指某一素份长期主导的某类行为；其特征是长期持续坚持某一行为，其他行为往往被弱化，但还明显存在。从《心理产品学》的观点看，是某种持续增强的因素不断刺激某素份，使其长期处于首素并主导某一行为。它与逆本体素行为不同，其素向是正常的本体素向，例如，某人十几年专注集邮，其它行为很少，但该行为仍为彰显欲、占有欲主导行为。

极端行为是明显有别于常规方法和程度的行为，极端行为通常属于凸基行为或激情行为，其行为明显不在社会规范之内，或行为方法明显有别于常见的认知支撑。例如，某个体因疾病痛苦而自杀，此行为属于环境素主导舒适欲参与行为，是"只有死亡才能解除痛苦"的认知主导的，其目的是解脱痛苦，自杀是其选择的行为方法。所以此行为不是逆本态行为。再例如，某个体不顾生命安危去救人，该行为是本体素悯欲、或环境素主导行为，也不是逆本态行为，因为素目的是救人。但我们常讲的"某抑郁症患者千方百计自杀"的行为则是逆生命欲主导行为，其素目的就是要抛弃生命。

四、本体素子素的素序

本体素子素的素序即本体素二级素序，本体素二级素序存在先天素序。

本体素子素生存素、繁衍素、存在素、情素的先天素序是生存素首位的素序，这是由本体素的生存基础性决定的，是人类生物属性的素性体现，个体的实际素序一定程度上受先天素序的影响。

本体素的先天素序对人类社会活动也具有一定的影响，其中最突出的表达是在法律奖惩措施的制定方面，在当今法律惩戒层面，死刑是最高最严厉的，其次是约束身体的，再次是罚没财产的，再次是剥夺政治地位（权利、言论自由等）、最后是道歉、纠名的，这表明生命欲的基础地位是被人们所认可的，其次是存在素自由欲，再次是生存素占有欲，存在素平等欲、认可欲等。

本体素的社会素序与人们的认知水平和社会发展水平有密切关系，也与群体素尺度有密切关系。社会素序是大多数个体的实际素序，当社会认知铺垫某一领域、社会发展促使某一领域时，就形成特定的营素环境，激发、增强相关素份素力，进而导致该素首位的社会素序。例如，如果社会引导经济认知，那么趋优欲、占有欲就很容易占居大多数个体生存素素序的首位，从而形成占有欲首位的社会素序。

本体素子素的实际素序受先天素序、群体素尺度和环境素的影响而出现多种形式，它是造成个体行为差异的重要因素之一。

通常情况下，生存素是本体素的基础，只有在满足生存素基本欲望的前提下其它素的素力才能有效地提升，这是本体素基础性的体现，例如，一个人饿的头昏眼花、四肢无力时候，名声、地位、自由对他已毫无意义；生存素的基础性也是"饱暖思淫欲"的心理基础之一。

五、本体素族各素份

（一）生存素

生存素是本体素的子素，在本体素的先天素序中它排在首位。但随着人类社会的发展和生产力的提高，生存基本满足的保证越来越容易，加之群体尺度的介入，环境素的影响，导致许多情况下，生存素在社会素序和实际素序中不再居于首位。

生存素是围绕本体生存及其相关要素满足的欲望。本能态以保全和维持本体生命存活、优化本体生存质量为素向。

生存素的子素有生命欲、占有欲、领地欲、控制欲、趋优欲、舒适欲、探索欲、捍卫欲、筹谋欲九个。从本质上讲生存素子素的目的都是围绕生存而萌发的，但不少素份的持续表达往往又超出了维持和保证生存的范围，正因如此，也给人类发展提供了不竭的动力。

1、生命欲 生命欲是生存素的子素，是围绕本体生命存在的欲望，本能态以本体生命存活和维持为素向。它包含的四级素有：存活欲（维持生命拒绝死亡的欲望）、基本物欲（如衣、食、住等基本需求）、安全欲、避害欲、健康欲等。

生命欲的同向相干因素是有利于生命欲满足的相干因素，例如，安全的环境，富饶的环境，健康的身体等等，但它们不一定都是生命欲的正相干因素，因为有时它们会降低生命欲的素力，成为负相干因素。

生命欲的异向相干因素是不利于生命欲满足的相干因素，例如，贫瘠的环境，有病的身体等，它们能从外因上使生命的存在更困难，但它们有时候却是生命欲的正相干因素，可以通过反推作用提升生命欲素力。所以才有了"身残志坚"、"愈挫愈勇"等词语。

【日常佐证】生命之欲

俗话说"人都是怕死的"，这是人们对"惜命"行为普遍性的总结，也是对"生命欲"存在的直接描述。《心理产品学》认为，生命欲是人类生存素的素份之一，是人类围绕生命存在而深植于心理产品之中的一种欲望，是生存素、本体素乃至其它一切欲望的基础和前提，具有基础性的地位。现实中，生命欲的素力会因素间作用的影响而降低，进而失去首素位置，以至于出现"舍生取义"、"视死如归"、"爱财胜命"、"为情殉命"等众多轻生行为，不过这些现象和行为在芸芸众生中仍是个别现象和少数行为，生命之欲的基础性地位亦然很牢固，大多数人还是怕死的。

2、占有欲 占有欲是生存素的子素，是围绕本体与体外物质关系的欲望，在本能态以占居物质实体，追求物质多量为形式。其四级素有：超出生命欲基本物质需求之外的物质追求、财产追求等。人们常说的"人为财死"就是对占有欲的表述。

占有欲的同向相干因素是有利于占有欲满足的因素，例如，丰富的物质资源，管理钱财的岗位，清正廉洁的认知等等；当然这些因素可以是占有欲的正相干因素，也可以是负相干因素。

占有欲的异向相干因素是不利于占有欲满足的因素，例如，物质贫乏的环境，严格的物质管理制度，不接触财物的岗位，贪占的认知等；同样，这些因素可以是占有欲的正相干因素，也可以是负相干因素。

3、领地欲 生存素的子素，是围绕本体与生存空间关系的欲望，本能态是以强化扩大本体生存空间，保全生存环境为形式的欲望；内容包括领地扩大欲望、领地固化欲望等。其常见的主导行为包括：领地扩大行为，领地加固行为，住房求大行为等等。

领地欲的同向相干因素是有利于领地欲满足的因素，例如，强大的军事实力，大权在握的岗位，丰富的钱财资源，安逸的认知等；当然，这些因素是正相干因素还是负相干因素还要看具体实际。

领地欲的异向相干因素是不利于领地欲望满足的因素，例如，弱小的群体，病弱的身体，霸业认知等；这些因素可以是正相干因素也可以是负相干因素。

4、控制欲 生存素的子素，是围绕本体与同类间支配关系的欲望，本能态以占居群体控制力、争取行为支配权为素向；其四级素条包括权力欲、话语权欲等。尼采就是推崇控制欲的代表人物，只不过他忽视了人类的其他欲望和心理产品的其他内容，尤其是否认悯欲的普遍性。控制欲常见的主导行为包括：权力争夺行为、舆论主导行为、称王称霸行为等。

控制欲的同向相干因素是有利于控制欲满足的因素，例如，强大的政治实力，丰厚的经济实力，自由平等的认知等；这些因素同样可以是控制欲的正相干因素也可以是负相干因素。

控制欲的异向相干因素是不利于控制欲满足的因素，例如，弱小孤单的个体，强本素势，霸权认知等；这些因素可以是控制欲的正相干因素也可以是负相干因素。

5、趋优欲 生存素的子素，是围绕生存质量的欲望，本能态以追逐优越、追逐强盛，优化生存为素向；其常见的主导行为包括：迁徙行为，生存优化行为、环境优化行为等。

趋优欲的同向相干因素是有利于趋优欲满足的因素，例如，富饶的环境，强健的身体，良好的群体环境，知足常乐的认知等；这些因素可以是趋优欲的正相干因素，也可以是负相干因素。

趋优欲的异向相干因素是不利于趋优欲满足的因素，例如，贫寒的环境，羸弱的身体，追优求富的认知等；这些因素可以是趋优欲的正相干因素也可以是负相干因素。

【日常佐证】"爱美之心，人皆有之"

"爱美之心，人皆有之"的意思尽人皆知，但它所包含的深层道理却没有多少人能说清楚。《心理产品学》认为，这句话是在阐释"趋优欲"的存在，"爱美之心"是人类趋优欲的体现，是人类围绕生存、追求优越的一种欲望，是人类生存素的素份之一，有了这种欲望的存在，人们在遇到"优越"的事物时就会产生好评、趋向、效仿、占有等方面的渴求。

"美"是人们对相关事物、行为的优越评定，美的事物或行为自然会引发人们的喜爱、趋向等行为。不过由于人类存在"本能尺度"和"认知尺度"两种尺度，所以"美"也就有两大类型，一类是源于本能尺度的"美"，是人类对能够引起良性体验的事物的优越评定，例如，好看的花，漂亮的容貌等；另一类是基于认知尺度的"美"，是人们基于认知对相关事物的优越评定，例如，见义勇为的义举，助人为乐的行为等等。

既然"爱美之心"是趋优欲的一种，它当然也存在素份失衡的风险，所以，过度追求某种美也是存在风险的，当然，过度追求本能尺度美的风险更大，它更容易使个体脱离群体和社会轨迹。

6、舒适欲 舒适欲是生存素的子素，是围绕躯体、精神良性体验的欲望，本能态以追逐身体、精神等方面的良性体验为素向；其四级素有享乐欲、爱好欲、非繁衍后代为目的的性欲等，其常见的主导行为包括：享受行为，爱好追逐行为、寻求性刺激行为、懒惰行为等。

舒适欲的同向相干因素是有利于舒适欲满足的因素，例如，安逸的环境，富足的生活，俭朴的认知等；这些因素可以是舒适欲的正相干因素也可以是负相干因素。

舒适欲的异向相干因素是不利于舒适欲满足的因素，例如，贫寒的环境，艰苦的生活，享乐认知等。这些因素可以是舒适欲的正相干因素，也可以是负相干因素。

【日常佐证】惰之欲

安逸懒惰之心人人都有，俗语说"谁不想舒服？"就是对这种心理的表达，这种追求舒适的本能欲望就是舒适欲，它是人类生存素的素份，是人们追求感官、精神良性体验的一种欲望。舒适欲最常见的表现就是"懒惰"，"人天生就有惰性"是一种客观存在，也是对舒适欲存在的肯定。舒适欲的存在对人类的生存发展来讲既有有利的方面，也有不利的影响，它能使人们生活丰富精彩，也能使人们生活困惑和无奈，多少人在"劳逸结合"中精彩纷呈，多少人在"沉迷享乐"中浑浑噩噩，这些不同的效果取决于人们对舒适欲的认知、调整和利用。

7、探索欲 探索欲是生存素的子素，是人类探求未知、寻证求源的欲望；探索欲既包括对未知事物、现象、行为、认知的探索，也包括对已知事物、现象、认知的寻证求源、深究细考和怀疑能力。是人类认识环境、探索环境、科技发展的重要内在动力。其主导行为包括探险行为、探索行为，预测行为，主动求知行为、怀疑行为等。

探索欲的正相干因素是能够引起探索欲素力升高的因素；例如，陌生环境，未知事物，寻根求源的认知，与传统、常理、认知、逻辑等不相符的事物、现象、行为等。

探索欲的负相干因素是能够引起探索欲素力降低的因素。例如，熟悉的环境，安逸求稳的认知，悬疑解密等。

【日常佐证】"好奇之心，人皆有之"

人们常说"人人都有好奇心"，其实那是探索欲表达的结果。《心理产品学》认为，探索欲是人类探索未知、寻证求源的欲望，是人类生存素的素份之一，是人类学习、创造、发展的重要动力源泉。在探索欲面前，未知的一切都会激发探索欲素力的上升，并可能进一步促发相应的探索行为，不同个体其探索欲的基础素值是不一样的、感官形成的信息强度也是不一样的，所以面对相同的未知事物有的人会发起探索行为，有的人则视而不见；同一个体对不同的未知事物其探索欲望也会存在差别，这与探索欲的下级素份基础素值有关，也与素间作用有关。例如，面对未知的知识，有的人对物理类知识兴趣昂然，探索欲望强烈，而对历史类知识则索然无味，探索欲望低下。基础素值也可以通过长期的素间作用或素外作用使其发生改变，这就是缓慢动基现象，人们常利用这一特性培养某一方面的兴趣和欲望，例如，为了增强某人物理方面的探索欲望，强化学习动力，可以给其讲解物理知识的重要性，也可以多做物理实验，还可以在生活实践中让其感受物理知识（认知）的巨大助力作用，久而久之，其物理探索欲的基础素值就会慢慢变化，相应的学习动力也会增强，当然也要避免出现降基现象反而使动力下降或出现抵触情绪。

探索欲的相干因素还包括与认知、常识、传统、逻辑不相符的事物、现象、行为等，所以当人们看到某些异常现象、古怪动作、滑稽表演时探索欲会快速得到满足或者快速变化，进而产生惊奇、激动、兴奋等积极情绪，并会促大笑、惊呼等释欲主导行为。

8、捍卫欲 捍卫欲是生存素的子素，是维护本体已有、拒绝损失的欲望，本能态以保全物质、认知、权力、甚至是环境等方面的现状，进而稳定、丰富、优化生存为素向。常见的主导行为有：抵抗入侵行为，报复行为，财产保卫行为，传统习惯维护行为等。

捍卫欲的同向相干因素是有利于捍卫欲满足的因素，例如，强壮的身体，同伴协助，支持的言论，忍辱负重的认知等；当然这些因素可以是正相干因素也可以是负相干因素。

捍卫欲的异向相干因素是不利于捍卫欲满足的因素，例如，别人的侵犯，不利的环境，自然灾害，自立自强的认知等。这些因素可以是正相干因素也可以是负相干因素。

9、筹谋欲 筹谋欲是生存素的子素，是围绕本体未来发展的欲望，它通常表现为对未来的关注、谋划、预判等，其四级素有规划欲、理想欲、憧憬欲等。主导行为有谋划行为、寄予行为、憧憬行为、占卜行为等。人们经常说"人要有理想"、"人无远虑必有近忧"等都是对筹谋欲的表白。

筹谋欲的同向相干因素是有利于筹谋欲满足的相干因素，例如，群体的合理规划，其他个体的支持，富足的环境、宿命论认知等，这些因素可以是正相干因素也可以是负相干因素。

筹谋欲的异向相干因素是不利于筹谋欲满足的因素，例如，行为困难的环境，精打细算的认知等。

生存素子素的素序：生存素的子素存在先天素序，其先天素序中生命欲处于首位，其它素的素力要在生命欲得到基本满足的前提下才能有效提升，这是由本体素的基础性所决定的。但随着人类社会的发展和环境素、群体素的影响，人类的实际素序常出现不同表现。

（二）繁衍素

繁衍素是本体素的子素，是以延续本体为目的，以繁衍生殖、扩大本体数量和提高后代质量为形式的欲望，其子素主要包括繁殖欲、护子欲、优子欲等。

1、繁殖欲 繁衍素的子素，是以繁殖后代、延续本体为目的的欲望；其包括的下级素条有异性招引欲、繁殖性欲、配偶择优欲，配偶排他欲等，其中异性招引欲是指在异性面前彰显、示优示强、以取得异性好感的欲望；配偶择优欲又叫择优欲，是与优良异性发起性行为繁衍后代的欲望，而这里的优良标准则主要是本能尺度标准。繁殖欲主导的行为主要有：以繁殖后代为目的性行为、孕育行为、选择配偶行为等。

繁殖欲的同向相干因素是有利于繁殖欲望满足的因素。例如，健壮的身体、异性多的环境、优越的相貌等，这些因素可以是正相干因素也可以是负相干因素。

　　繁殖欲的异向相干因素是不利于繁殖欲望满足的因素。例如，残疾的身体、缺少异性的环境等。这些因素可以是正相干因素也可以是负相干因素。

【延伸】性欲的转变

　　性欲原本只是繁殖欲的子素，是种群繁衍、个体延续的原始动力，相当长的时间内，人类的性行为和孕育行为密不可分，所以性欲、繁殖欲、优子欲、护子欲被捆绑在一起。但随着人类的发展，环境素的延伸，这种捆绑关系被松解甚至分离了，人们可以利用避孕、体外授精、代孕等方法将某个环节剔除、阻断、或跨过，这种现象导致两方面的后果，一是一部分性欲改变素向转归到舒适欲门下，成为舒适欲的子素，二是性欲已不再是繁衍素的必有素份，繁衍素面临减少子素的可能。这一现象是人类发展引起本体素变化的显性例子，它给人类本体素运动抛出了若明若暗的示喻，也给人类脱离某些生物属性预示了可能，但不知道这对人类的发展前景有何影响。

　　2、护子欲　繁衍素的子素，是以保护后代，延续本体为目的的欲望。主导行为包括：哺育行为，抚养行为，后代保护行为等。

　　护子欲的同向相干因素是有利于护子欲望满足的因素。例如，安全的社会环境、和睦的家庭关系等。这些因素可以是正相干因素也可以是负相干因素。

　　护子欲的异向相干因素是不利于护子欲望满足的因素。例如，战争环境、单亲家庭等。这些因素可以是正相干因素也可以是负相干因素。

　　3、优子欲　繁衍素的子素，是以优化后代，优化延续为目的的欲望。主导行为包括：后代教育行为、后代训练行为等。

　　优子欲的同向相干因素是有利于优子欲满足的因素。例如，良好的教育条件、宽裕的经济条件等。这些因素可以是正相干因素也可以是负相干因素。

　　优子欲的异向相干因素是不利于优子欲满足的因素。例如，拮据的经济条件、落后的教育环境等。这些因素可以是正相干因素也可以是负相干因素。

【日常佐证】"父母之爱"

　　"可怜天下父母心"这句话是天下父母对子女情感的真实写照，也是对本体素护子欲、优子欲的总结表白。《心理产品学》认为，护子欲、优子欲是人类本体素繁衍素的子素，是人类对子女、后代爱护、优化的一种欲望，这是一种不求对等的欲望、一种没有条件限制的欲望、一种没有止境的欲望，所以它常常被人们视为"最伟大的爱"，现实中我们经常能见到父母为了保护子女、优化子女甘愿付出一切、甚至包括生命的感人事例，这进一步表明护子欲、优子欲通常具有较高的基础素值和靠前的素序。

　　护子欲、优子欲具有较高的基值和靠前的素序，这种现象有时候也存在一定的风险，甚至出现超越群体素规范而危害社会的现象，例如，有的人为了子女贪污受贿，有的人包庇纵容子女违法犯罪等等。

护子欲、优子欲之间也会出现族内冲突，例如，有的人为了让子女优秀进步不惜使用暴力、伤害等手段，也有人溺爱子女拒绝对他们进行应有的教育管理等等，这些现象表明有的人具有"护子欲＞优子欲"的素序，有的人具有"优子欲＞护子欲"的素序，当然相关的环境素认知在此也起了巨大的作用。

【生活现象分析】亲妈48小时

子女在外读书的家庭，基本上都有这样的体会——孩子刚回家时，家庭气氛愉快和睦，但好景不长，对抗互烦的氛围便席卷而来，人们风趣地称其为"亲妈48小时"，这究竟是怎么回事？

其实这一现象的心理过程并不复杂，"子女从学校回家"这一行为会激发家长的"恋欲"、"爱欲"、"优子欲"等素份，而这几个素份素力的强弱是随着"子女回家"这一过程的发展而不断变化的：

第一步，知道子女回家的日期后，恋欲被首先激发，素力快速提升，于是，越接近归期越思念；

第二步，子女回到家中时，家长的恋欲得到满足，素力快速下降，愉快情绪溢于言表；

第三步，恋欲素力减弱和挟阈现象的出现，导致爱欲素力迅速上升并替代了恋欲的位置，爱欲最基本的表达就是"无私给予"，于是美食、美言、漂亮衣服、贴心服务，无微不至；

第四步，好景不长，爱欲素力也快速下降，优子欲素力却异军突起，优子欲是父母渴望子女优秀的欲望，不过缘于"优秀标准"的迥异，它此时升高的路径不同于前二者，它的素力是在"反推"作用下上升的，也就是说"它是被子女不优秀的表现逼高的"。原因是：子女的言行与家长心中的"优秀"标准大相径庭，子女认为"在家中怎么舒服怎么办，怎么自由怎么做"，家长认为"优秀的子女什么时间都应该生活自律、整洁规范、言行得体、积极上进"，结果，子女熬夜、睡懒觉、物品乱放、房间凌乱、语言生硬、不服管教等众多言行都成了家长优子欲的异向相干因素，这些异向相干因素虽然提升了家长的优子欲素力，但方向却是相反的，这必然导致另一个结果：消极情绪的出现，于是厌烦、不顺眼、对抗、争吵也就不由自主了。

就这样，短短几天时间，一个简单的回家过程，三个本体素份的先后登场，演绎了父母对子女"爱烦交加"的情感大片，它是人性的真实写照，也是本体素运动规律的精彩呈现，是人类天性和时代发展合编的佳作，它在现实中将长演不衰！

繁衍素子素的素序：繁衍素子素存在先天素序，繁殖欲是护子欲和优子欲的基础，因此在繁衍素子素的先天素序中繁殖欲处于首位。但在现实中常因环境素的影响，导致繁殖欲在整个繁衍素中不再处于首位。例如，当前存在的能生育不愿生育的"丁克"现象、能孕育者的"代孕"和领养现象等都是繁衍素子素序变化的表达。

（三）存在素

存在素是本体素的子素，是以突出个体独立和存在为目的，以抵抗约束、自我彰显为手段的欲望，其子素有：自由欲、平等欲、求同欲、彰显欲、认可欲五个。

1、自由欲 自由欲是存在素的子素，是以个体行为自主、不受干预、抵抗约束为动因的欲望；常见的主导行为有：儿童叛逆行为，不遵守公共秩序行为、对抗规则行为等，自由欲在压迫社会里是推动社会变革的根本力量，曾为人类社会的进步做出过巨大贡献。自由欲无论是在人类日常行为还是文学作品中都有大量的体现，"生命诚可贵，爱情价更高，若为自由故，二者皆可抛"就是匈牙利诗人裴多菲在《自由与爱情》诗中的呐喊。

自由欲的同向相干因素是有利于自由欲望满足的因素；例如，自由宽松的社会环境，和睦良好的人际关系等。这些因素可以是正相干因素也可以是负相干因素。

自由欲的异向相干因素是不利于自由欲望满足的因素；例如，要求严格的职业岗位，规矩众多的家庭环境等。当然这些因素可以是正相干因素也可以是负相干因素。

2、平等欲 存在素的子素，是以追求平等，抗拒等级差异为动因的欲望；其四级素有物质平等欲、政治平等欲等。其主导行为有平等争取行为、不平等抗拒行为、嫉妒行为、民主行为等。

其实，人类争取平等的欲望始终存在，只是在不少情况下它被压迫抑制无法表达而已，《诗经》·《伐檀》中"不稼不穑，胡取禾三百囷兮？不狩不猎，胡瞻尔庭有县鹑兮？"，孔子的"不患寡而患不均，不患贫而患不安"等论述都明确表达了平等欲的存在。

3、求同欲 求同欲是存在素的子素，是围绕与同类归属关系的欲望，本能态以向往己同或同己为素向，（即促使本体向其它个体或群体趋同以及期望其它个体向自我趋同的欲望）求同欲既有物质方面、精神方面、行为方面的求同，也有认知方面的求同。求同欲常见的主导行为包括：加入群体行为，寻觅同伴行为、攀比行为、认同多数行为、排斥异己行为、从众行为等。求同欲也是人类群体生存方式的内在因素之一。

4、彰显欲 彰显欲是存在素的子素，是以个体的存在表白和彰显为目的的欲望。其四级素有炫富欲、表现欲等。主导行为包括炫富行为、演说、表演行为、追求怪异行为、追求外表行为等。

【解读】怪异装束的心理解密

现实生活中我们经常看到这样的现象，一些青春少年他们的衣着、打扮、举止甚至是行为都表现的与众不同，有七彩头发的、有奇装异服的、有行为荒诞的，总之与社会普遍认知大相径庭。为什么会有这样的现象呢？我们不能简单地用好坏、对错、教养等词汇去解释和评判，因为这些现象的发生有其心理渊源，它们的背后是人类存在素彰显欲的支配。彰显欲是人类"表达自我、彰显存在"的欲望，青春期处于中学生理素势阶段，正是彰显欲、自由欲素力高涨的时期，此时彰显自我的欲望是强大的、发自生物本能的、往往没有什么理由，也很难用普通的认知去解释，然而它是存在心理基础的，当然，它也有失衡的风险性，所以要理解青春期的彰显行为，但不能放任彰显行为，相关的教育、适当的约束是必须的。

5、认可欲 认可欲是存在素的子素，是表明自我存在、谋求同类认可、期待同类重视的欲望。其四级素有荣誉欲、名声欲等，主导行为有追求名声、荣誉、虚荣等行为。

存在素子素的素序：存在素是人类进化扩展的素份，其子素的先天素序不明显，受环境素和群体素的影响，实际素序差异较大。

（四）、情素

情素是本体素的子素，是以个体体验表达、体验交流、体验满足为动因的欲望，是人类进化发展后出现的素份。其子素有恋欲、爱欲、悯欲、馈欲、释欲五个。其主导的行为有相恋、相思、爱慕、同情、扶弱、发泄等。

1、恋欲 恋欲是情素的子素，是对优越、有利等可产生良性体验的个体、群体、事物抱以无条件相伴、寄托、不舍、依靠、亲近为形式的情感欲望。其四级素包括恋人欲、恋物欲、怀旧欲等。

2、爱欲 爱欲是情素的子素，是对优越、有利等可产生良性体验的个体、群体、事物抱以无条件爱护、扶持、喜爱、趋同、愉悦等情感的欲望。其四级素包括爱人欲、爱物欲、爱群欲等。

3、悯欲 悯欲是情素的子素，是对弱者、需要帮助的个体、群体、事物予以同情、支持、关注、帮助的情感欲望。

【日常佐证】"恻隐之心，人皆有之"

"恻隐之心，人皆有之；…"这句话出自《孟子》《告子章句上》，意思是说

"同情心，人人都有"。不仅圣人们这么说，普通民众也能感悟到同情心的存在。

《心理产品学》认为，同情心是悯欲存在的证据，悯欲是本体素情素的素份之一，是人类对弱者、需要帮助者予以同情、关注、支持、帮助的欲望，它不需要条件和理由，从效果上看它有利于群体的存在和稳定，这也是它被现代社会大力提倡的重要原因之一。但就悯欲本身来说它仍是指向本体的，是指向个体情感表达的。当悯欲的特征被一定的外在形式固定并被群规则作为行为规范时，随之而来的群体素则往往将其掩盖，但它不会被磨灭，并将随着人类的进步而壮大。例如，"尊老爱幼"被法律、道德吸收和固定进而促使人们形成了相关的群体素，于是人们的尊老爱幼行为似乎都是遵从的结果，殊不知，人类欲望的本身就有它的位置。

4、馈欲　馈欲是情素的子素，是追求与其它个体情感、行为互动的欲望，通常表现为对其他个体行为、存在、情感等做出交流、回应、或渴望自我行为、存在、情感得到回应的欲望。馈欲给人类的交流注入了动力，也在一定程度上促进了人类群体的存在与发展。其四级素有应答欲、交流欲、期待欲等，甚至对所及个体、事物、行为的评价、评论都在馈欲的范围之内。主导行为有报恩行为、交往行为、礼节应答、礼尚往来行为等。

5、释欲　情素的子素，是渴望自我情感、体验宣泄释放的欲望。素力变化引起的情绪行为是它最常见、最主要的相干因素。主导行为有发泄行为、聊天行为、情绪宣泄行为、自言自语行为等。

情素的素序：情素是人类的发展素，是人类区别于其它动物的主要特征之一，情素无明确的先天素序，个体的实际素序复杂多样。

【延伸】本体素的日常踪迹

本体素作为人类重要的心理产品成分，它的众多素份在日常生活中都有显著的行为表达，许多涉及行为的成语、格言、警句、俗语等都暗藏着它们的身影。例如：

生命欲：置于死地而后生；不患贫而患不安；

占有欲：人不为己，天诛地灭；爱财如命；

趋优欲：人往高处走；择善而从；

领地欲：寸土必争；寸土不让；开疆拓土；

控制欲：宁为鸡口，不为牛后；争权夺利；

舒适欲：乐不思蜀；乐而忘返；

探索欲：好奇心；好奇害死猫；刨根问底；寻根究源；

求同欲：见贤思齐；拉帮结派；排除异己；

捍卫欲：有仇必报；睚眦必报；

筹谋欲：人无远虑，必有近忧；

繁殖欲：男大当婚，女大当嫁；

护子欲：虎毒不食子；

优子欲：孟母三迁；望子成龙；

自由欲：生命诚可贵，爱情价更高，若为自由故二者皆可抛；

平等欲：不患寡而患不均；

认可欲：士为知己者死；宁为玉碎，不为瓦全；

彰显欲：趾高气扬；耀武扬威；

爱欲：一见钟情；爱屋及乌；

恋欲：叶落归根；敝帚自珍；

悯欲：见哭兴悲；己饥己溺；恻隐之心；

馈欲：礼尚往来；报李投桃；

释欲：仰天长啸；情不自禁；手舞足蹈；

对于上述成语、名句所描述的人类行为，你只要在它们前面加上"人为什么会（要）…"几个字，然后稍加思考，它们所隐藏的人类本体素份就呼之欲出！当然，在这里你不要过多拘泥于它们的表象意义。

第二节　群体素族

群体素是人类三素之一，是后天群体因素经心理活动形成的、储存在大脑神经元内的、规范和约束人类行为的心理信息，是人类行为的群体指引。

自古以来人们对群体素就有着不懈的探索，儒家提倡的"正名、礼"也好、"仁、义、忠、恕"也罢，其目的都是要塑造人们的群体素，也是在肯定群体素的存在。孟子说："无父无君，是禽兽也"（《孟子·滕文公下》），更是把群体素的存在和作用讲到了极致，当然他所强调的并不是"父、君"个体的存在，而是父子、君臣遵从关系的存在，是群体素的存在。

群体素族是群体素所有素份的总称，其本质是遵从心理信息。群体素簇的一级素是群体素，二级素包括血缘群体素、职业群体素、区域群体素和认知群体素四类。群体素族的三级素包括各类具体的群体素，例如血缘群体素的子素包括家庭遵从、家族遵从等，职业群体素包括企业遵从、学校遵从、军队遵从等，区域群体素的子素包括国家遵从、民族遵从等，认知群体素的子素包括宗教遵从、党派遵从、协会遵从、学术团体遵从等。群体素的四级素是更多更具体的遵从素条，例如，孝敬父母，红灯禁行，讲话文明，爱人爱上帝等等。

群体素族结构表

一级素	二级素	三级素	四级素
群体素	血缘群体素	家庭遵从、家族遵从等	具体家规遵从等
	职业群体素	学校遵从、企业遵从等	具体规定遵从等
	区域群体素	国家遵从等	具体法律遵从等
	认知群体素	宗教遵从、党派遵从等	具体纪律遵从等

群体素族的素源是人类生存的基本方式——群体，是群体中的行为约束和规范信息。由于人类群体种类、数量、规则等内容在不断增加，导致人类群体素三、四级素份的素宽、素深也在不断扩大，不过个体的群体素种类只能是人类群体素总类的一部分。

一、群体素的特征

（一）群体素的可调性

群体素的第一个特征是群体素的可调性，是指群体素的素份可以根据需要增加或减少的特性。人类可以根据需要创建或解散群体，也可以根据需要改变群规则和群核心的内容，从而改变群体素的素份。这是人类自我发展、自我改造的能力之一，群体素的特征从一定程度上体现着人类的主体能动性。例如，为了增强群成员的环境保护意识，制定环境保护法，群成员就会形成相应的群体素。

群体素可调性的重大意义表现在两个方面，一是它为人类调整本体素和环境素提供了抓手，二是它为群体管理给予了方法。例如，一个国家的建立，必然产生相应的政策、制度、法律、法规等群规则，从而塑造群成员相应的群体素，并可以此为手段保证群体稳定、促进群体发展。

（二）群体素的易变性

群体素的第二个特征是群体素份的易变性。群体素的易变性是由其素源的易变性和多样性决定的，通常情况下，个体隶属于多少个群体就会有多少类群体素（三级），在同一群体内，群体规则的变化也能导致群成员群体素（四级）的变化，这是造成群体素易变性的主要原因。例如，国家出台了某项法律，公民的群体素就会增加相应内容，国家废除了某项法律，公民的群体素就会丢失相应内容。可见，群体素的易变性是缘于群体素源的可调性和多变性而导致的群体素份、素力的不稳定性。

群体素的遗留：通常情况下，只要个体从属于某群体，或小群体从属于大群体，前者就会形成相应的群体素，脱离某群体后相应的群体素就会消失，这是群体素易变性的表达。但也有部分个体或群体脱离某群体后，仍长时间保留该群体的部分或全部群体素特征，这种现象就是群体素的遗留。群体素的遗留是形成风俗、习惯、道德等隐性群规则的主要因素之一，对区域群体的存在和稳定具有重要意义。同时，群体素遗留也是个体习惯行为形成的因素之一。例如，某人在军队服役数年，退役后仍坚持军队的许多生活习惯。

群体素的内助与内阻：内助与内阻是族内素份之间相互影响的两种形式，前者是指同族内不同素份内容相同或相近，从而导致相关素份在激发状态时素力增强的现象，后者是指同族内不同素份内容相反或相悖，从而导致相关素份在激发状态时素力减弱的现象。例如，国家群体和家庭群体都有"尊敬老人"的群规则，从而导致个体尊敬老人的群体素增强，相反，某家庭有重男轻女的传统，国家有男女平等的制度，结果这两条群体素在激发状态时素力都会减弱。群体素的内助与内阻现象也常常发生于不同性质的群体素之间，例如，某单位有聚集喝酒、打牌的风气，这是隐性群规则，它会使进入该群体的个体产生融入性遵从，但制度和规定有禁止聚集喝酒、打牌的条款，它能使群成员产生指令性遵从，二者之间有相悖之处，也会产生内阻现象。再例如，国家有"婚姻自由"的法律规定，它能使公民形成"婚姻自由"的指令性遵从，社会有"父母包办婚姻"的风俗，它能使个体形成"婚姻听从父母"的融入性遵从，二者之间就会出现内阻现象。

（三）群体素的约束性

群体素的本质是遵从信息，它又可分为三类不同性质的遵从，无论是哪一类遵从都有"被动、被迫"的成分，既便是认可性遵从也是如此，所以遵从的另一面就是约束。

群体素的约束性主要体现在四个方面：

一是从群体素的形成来看，群体素是非自发的，也就是说群体素形成的直接原因是群体的需要，而不是本体欲望的需要。既便群体素有的成份可以成为自愿的，但其根源和内容上仍不是自发的，仍存在被迫、被动、间接的成分。

二是从群体素的作用上看，它表现为对行为的规范和限定，这是群体素的行为效应。规范是对行为的提倡、支持和认可，是对行为的正性约束。限定是对行为的禁止、阻碍和否定，是对行为的负性约束，它们都是对行为的约束。

三是从对本体素的作用上看，群体素对本体素具有压制性。本体素的素向是指向各自本体的、是分散的，而群体素的素向是指向群体的，是统一的，它们天生就存在压制与反压制的关系。

四是从对环境素的作用上看，群体素是影响环境素选择性的重要因素之一。例如，群体要求个体去学习管理知识，或者在学校教育中增设了管理知识的内容，那么其中的群成员就被动选择了管理类环境素源，产生管理类环境素。

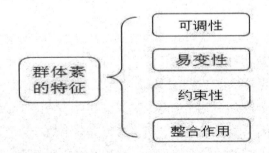

（四）群体素的整合作用

群体素的整合作用是群体素利用其约束性使本体素减少分散性，产生方向一致性，从而把单个源动力整合成集合源动力的作用。我们把群体素整合本体素方向、凝聚本体素源动力的作用称为群体素的整合作用。群体素的整合作用为人类战胜更大挑战、适应和改造自然给予了动力方法，提供了动力可能。

当然约束性和整合作用也有两面性，如果约束过度反而会导致本体素源动力降低，甚至引发对抗性，不仅凝聚不了源动力，还会危及群体稳定。

二、群体素的性质类别

群体素是群体约束、规范信息经心理活动形成的心理产品，其本质是遵从信息。根据群体素源及特征的差异我们将群体素分为指令性遵从（指令群体素）、认可性遵从（认可性群体素）和融入性遵从（融入性群体素）三大类。

（一）指令性遵从

指令性遵从是显性群规则作用的结果，它具有较强的强制性，可视为"被迫"的遵从。指令性遵从的源头信息是群规则，它包括法律、制度、纪律、规定、政策、命令等众多内容，这些群规则通过惩戒或鼓励等手段来保证群成员的遵守，从本质上讲这些规则类素源都有较强的强制性，如果群成员不遵从，那么其本体素欲望就会受到阻压，如果群成员遵从则其本体素欲望就会得到扶助或满足。

我们把个体某项指令性群体素的基础素值称为遵商，遵商越高，对群规则的遵从行为越容易、越坚决，越彻底。有时人们将法律方面的遵商叫法律意识，将纪律方面的遵商称为纪律观念。

遵商的高低与先天因素和后天因素都有关系，在后天因素中扶惩相济、赏罚分明、强化认知是提高遵商的重要手段，在先天因素中，本体素求同欲、自由欲等素份基础素值的差异是重要因素。对同一个体来说，不同群体素份的遵商常常是不一样的，例如，某个体对交通规则非常遵守，而对纳税规定则不太遵守，这主要是由于其不同素份遵商的差异造成的。

（二）认可性遵从

认可性遵从是对群核心认知认可的结果，是群成员在对群核心认知认可的基础上形成的超出群规则要求范围的遵从，认可性遵从可视为"自愿"的遵从、意向的遵从。例如：某企业员工主动加班、主动去做超出单位要求的、对单位生存、发展有利的行为；再例如，某人主动维护国家利益、为国家做贡献等，这些都是认可性遵从主导的行为，是对单位、国家认可基础上的行为遵从。中国家庭中认可性遵从主导的行为在是比较普遍的，形成这种现象的原因，一方面是中国传统文化对家庭观念的说教，另一方面也来自于本体素优子欲（包括后代）、护子欲的驱使。在中国，父母对成年子女也会进行长期、无私的给予和帮助，不少父母自己节衣缩食也要让子女享受高等教育、甚至是满足子女的高消费，经常听到有的家长说"我是他母亲，我只能这样做"，而其中的许多行为往往超出了法律义务和情感的范围，完全是对家庭（家族）认知认可的结果，是对认可性遵从主导行为的有力诠释。当然这些行为也有本体素的参与。

认可性遵从形成的心理过程是：群成员对群核心认知认可时，必然对群核心产生优评好评等认知评定，行为与这些评定同向时就会产生良性体验，行为与这些评定异向时就会产生不良体验，此时，行为信息与体验信息结合就会形成"可、否"的遵从心理产品。

群核心包括实体核心和认知核心，认可性遵从既包括对认知核心的认可，也包括对实体核心的认可，在认可的基础上，遵从性质变为自觉，遵从内容超出群规则范围。认可性遵从是保持群活力和群稳定的重要因素之一。我们平时讲的"忠于社会主义"、"忠于党"、"忠于国家"都属于认可性遵从，是对国家制度、领导核心认知认可基础上的遵从。

我们把认可性遵从的基础素值概括地称为忠商，忠商越高越容易促发认可性遵从行为，忠商越低越难促发认可性遵从行为。忠商的现实词义是个体对遵从对象主动同向作为的能力。

（三）融入性遵从（融入性群体素）

融入性遵从是指个体为适应和协调群成员间关系而形成的遵从，是个体融入群体的人际环境适应。它与我们平时讲的"群体适应能力"有相当大的重合度。

融入性遵从的形成取决于两方面因素：

一是所在群体的风俗、习惯、惯例、道德、规矩等非显性行为规范。例如，隶属于某个群体，如果对它的风俗、习惯、规矩能很好遵从，那么就能同群体、群成员处理好关系，融入度就高。在中国古代，儒家推行的"礼"就是培育人们融入性遵从的手段，其主要目的就是要人们形成符合儒家思想的行为遵从，当然"礼"被统治阶级以法律的形式固定下来之后它促使人们形成的就是指令性遵从了。

二是对人类心理活动规律的适应和遵从。人类个体与个体之间的相处和融合既与上述隐性群规则的遵从有关，也与对人类心理活动规律的适应和遵从有关。例如，由于认可欲的存在，人人都希望自己能被别人认可和尊重，当一个人的言行能尊重其他个体时，他就容易被其他个体所接受，反之，他就很难被其他个体所接受；再例如，由于平等欲的存在，人人都希望被平等看待，当一个人厚此薄彼时，他就会被其他个体所排斥。所以融入性遵从不仅包括对非显性规则的遵从，也包含对人类心理活动规律的遵从，这使融入性遵从具备了广泛、圆润、隐密的特点。

我们把个体融入性遵从的基础素值称为情商，情商的现实含义是人们适应、协调个体间关系、融入群体的能力，情商越高，越容易促发融入群体行为，情商越低越难促发融入群体行为。

情商既包含对隐性群规则的遵从，也包含对人类心理活动规律的遵从，有时候二者是一致的，有时候则是有显著区别的。例如，文明礼貌、说话和气既是对隐性群规则的遵从，也是对他人认可欲、平等欲的遵从；再例如，委婉拒绝、谦虚请教则主要是对人类本体素运动规律的遵从，与非显性规则没有太大关系。

对同一个体而言，不同素份的情商值是不一样的，或者说在不同群体或环境中其情商值是不同的，这是因为不同群体或不同环境中隐性群规则和人们重视的本体素份是不同的。例如，有的人在异性个体间情商很高，而在同性别个体间情商并不高，也有人在上级领导间情商很高，而在其他人群间情商并不高，人们通常把后者促发的行为叫"拍马"。情商受先天因素影响，也与后天因素有密切关系，其先天因素主要是大脑机能因素和本体素相关因素，后天因素主要是环境素认知因素。日常生活中我们经常要求子女讲文明、懂礼貌，讲团结、说话讲方式，其实质就是要他们形成适合社会现状的融入性遵从。

由于隐性群规则、人类心理活动规律不具显著的强制性，所以从形式上看融入性群体素是自觉的，但从本质上看它仍是被迫的，是为了融入群体的被迫。融入性遵从是个体群体素的重要组成部分，对群体稳定和群体素主导行为的启控都有较大的影响。我们要创建风清气正的社会环境的意义也在于此。通常情况下，人们要融入某群体，就不可能不受到人际环境的影响，从而形成或多或少的融入性遵从，否则就无法真正融入群体。

（四）不同性质群体素之间的关系

指令性遵从、认可性遵从和融入性遵从有时可以相互转化。例如，某公司有个不成文的习惯，新员工上班第一天要做自我介绍，这时新来的员工进行自我介绍就是融入性遵从主导的行为，如果有一天公司以规定的形式要求"所有新员工都必须在上班第一天进行自我介绍"，那么新员工的自我介绍就成了指令性遵从行为。

通常来说，指令性遵从和融入性遵从都是对群规则的遵从，它们的主要区别在于遵从的内容形式不同，所以，指令性遵从和融入性遵从的转化更容易、更外在，例如，"讲话文明"属于融入性遵从，当某群体将其写入规则并强制群成员遵守时它就成了指令性遵从；而认可性遵从则是对群核心的认可遵从，它所遵从的内容更自觉、更宽泛、更深入、更内在，例如，"爱国行为"就是认可性遵从行为，它所遵从的是一种认知、一个目标、一种理论，它不拘泥于某一具体事物或行为，它是深入的、自觉的、内在的。当然认可性遵从和其它两类遵从间也可以相互转化。

指令性遵从、认可性遵从和融入性遵从之间存在相互影响的关系，也就是说它们之间也会出现内助与内阻现象。通常情况下认可性遵从对指令性遵从有辅助和促进作用，因为形成指令性遵从的主要因素（如法律、法规等）本身就是为群核心服务的，所以，对某群体忠诚者通常都是遵纪守法者，也就是说有较高的忠商者通常都有较高的遵商，但也不尽然，例如我们常讲到的"将在外君令有所不受"就是认可性遵从抵制了指令性遵从，属内阻现象。认可性遵从对融入性遵从通常有修正作用，当然也存在内助和内阻现象。

对于某个体或群体而言，指令性遵从、认可性遵从、融入性遵从各有特色，都十分重要。一般来说，指令性遵从严苛、呆板、易变，认可性遵从深入、主动、稳定，而融入性遵从则圆润、持久、庞杂，三者之间既相辅相成、又相互制衡。但人们对其认识是有差异的，韩非就非常强调指令性遵从，他说："为治者…不务德而务法"；"赏厚而信，刑重而必"；"赏罚明则民尽死，民尽死则兵强主尊"（《韩非子》）其实这些观点是有明显局限性的。

【延伸】"三类遵从"的现实解读

群体素是人类心理产品的重要组成部分，它对维持人类心理平衡、促进人类群体稳定具有十分重要的意义。

群体素按性质可分为指令性遵从、认可性遵从和融入性遵从三类，我们姑且称它们为"三类遵从"。

三类遵从中，指令性遵从是群成员对显性群规则的遵从意识，就国家群体来讲，指令性遵从是公民对法律、政策、制度、规定的遵从意识；认可性遵从是群成员对群核心认知认可基础上形成的超出指令性遵从规范之外的遵从，就国家群体来说，认可性遵从是公民的爱国情怀、忠国之志；融入性遵从是群成员为了融入群体对隐性群规则和人类心理活动规律的遵从意识，就国家群来说，融入性遵从主要是公民对风俗、习惯、传统、道德、规矩和心理活动规律的遵从意识。

三类遵从中，指令性遵从是基础，认可性遵从是核心，融入性遵从是辅助，它们共同组成了人类的群体素，三者相辅相成，共同营造着群体的向心力，共同维护着群体的稳定，共同规范着人类的行为。

然而，当今世界上，"法所不禁皆可为"的言论仍有很大市场，这种言论的错误之处是显而易见的，首先，它抹杀认可性遵从和融入性遵从的存在，更否认了认可性遵从和融入性遵从的作用，给群体稳定、人类和谐、社会进步制造了混乱，是实实在在的错误认知；其次，它是本体素自由欲失约束的表达，是泛自由思想的公然宣言，必将使人类行为走向偏激，人类文明趋于后退；再者，它片面迎合了人类存在素欲望，给人类全面认识自身、正确认识社会设置了障碍。认可性遵从是实实在在存在的，忠国之心、爱国之志、爱岗敬业、故乡情怀等等都是它的表达，正是这些认可性遵从才使人类的心理更丰满、精神更开阔、行为更高尚，文明更灿烂；融入性遵从也是人类群体素的重要组成部分，风俗、习惯、传统、道德和心理活动规律在人类社会中真真切切，无可辩驳，虽然它的某些内容可能滞后于发展的步伐，但它让我们传承了过去、沿习了历史、勿忘于来处，一概对其否认和否定既是不可能的也是不明智的，对于融入性遵从我们要传承、要创新、要发展，但绝不能否认！"法所不禁皆可为"是错误认知，决能让其大行其道。

就我们祖国而言，国家的法律、法规、命令、指示等是我们形成指令性遵从的依据，也是我们形成指令性遵从的信息来源，在此基础上我们会形成强大的指令性遵从，它就是我们的遵纪守法意识。指令性遵从是我们成为合格公民的基本要求，对维护国家稳定和社会正常秩序具有十分重要的意义。指令性遵从主导的行为就是我们的遵纪守法行为、依法办事行为、尽职尽责行为等等。

社会主义制度和为人民服务的宗旨是我们的认知核心，党和人民政府是我们的实体核心，对认知核心和实体核心的认知认可是我们形成认可性遵从的基础和围绕；在此基础上我们会形成强烈的爱党爱国之情，报国忠国之志。认可性遵从是群体素的核心，它对国家的团结、进取、发展和稳定都具有十分重要的意义。认可性遵从主导的行为是我们围绕核心意志、为达成群体根本行为目的而展开的一切行为，它往往超出法律法规明确规定的规范，但其始终是核心意志的围绕，例如，为了国家利益甘愿牺牲个人利益的行为，为人民利益可以放弃个人安危的行为，国家有困难时主动捐赠的行为，人民有困难时主动帮助和出谋划策的行为，见到损害国家和人民利益时挺者身而出的行为…等等，认可性遵从主导的行为是宽泛的、灵活的，是自觉的、自愿的，是主动作为和发自内心的，是不求回报的。所以认可性遵从真正体现国民素质、体现群体精神、体现人类文明。

社会上的风俗、习惯、传统、道德、规矩、人类的心理活动规律等是我们形成融入性遵从的原因和依据，在这些非显性规则的基础上，为融入大众群体我们会形成或多或少的融入性遵从。融入性遵从的成因复杂、影响因素众多，它常常有一定的时间沉淀，但它不一定都具时代发展性，也不一定都利于群体的稳定和进步，所以它在短期内未必都能强化向心力，但它可以被修改和塑造，一旦积极向上的融入环境形成，则能营造出厚重的群众基础，起到压仓石的作用。所以，社会风气和积极向上的社会环境也是十分重要的。融入性遵从主导的行为众多，常见的有守传统行为、讲道德行为、随风俗行为、从众行为等。

三种遵从有时会出现矛盾、发生冲突，发生冲突时会使遵从行为方向不明、操作混乱，给群体稳定造成一定影响。但只要坚定核心意志、心系人民利益、把握前进方向，这些矛盾应该能有妥善的解决办法。

三、群体素的认同度

群体素的认同度是个体对群体素的合理性、应当性、适合性的认同程度，是对群体素自我评定的结果。例如，小李认为"孝敬父母"是应该的，但他认为"捡到东西缴公"是不合理的，也就是说他对"孝敬父母"是认同的，对"捡到东西要归公"是不认同的。通常情况下，认同度越高，群体素力就越强，对行为的影响力就越大。

群体素的认同度是个体对群体素源及群体素认知、评定的结果，它与群体素源本身和个体的认知水平有一定的关系，也与本能尺度有一定的关系。例如，某公司规定"上班时间不能用手机"，如果公司职员能对这条规定的目的、意义等有清晰的认知，那么他对该群体素就可能有较高的认同，同时如果手机对他有非常大的吸引力，他的认同度也会发生变化。

群体素的认同度能影响群体素力，进而也会影响相应的行为，一般来说，群体素的认同度越高它发起和支配行为的机率就越大，认同度越低它发起和支配行为的机率就越小，但是，某群体素促发并主导了行为并不能表明它的认同度就越高，因为某一素份的素力还受其它多方面因素的影响，例如，公元前339年，古希腊雅典陪审团以"藐视传统宗教、引进新神、败坏青年"等罪名判处苏格拉底死刑，苏格拉底本人对此判决是不认同的，但他还是接受了判决结果，最终饮下毒酒而死。此例子中，苏格拉底遵从了死刑判决，表明他有较高的指令性群体素，正是指令性群体素（法律遵从）主导了他的"自愿"赴死行为，这其中，影响其行为的主要因素有三方面，一是他的群体素基值，即遵商，他的遵商是高的，也就是说他的法律意识是强；二是环境素认知的知合作用，在他的认知中法律判决是必须得到执行的，正是这一认知的长期作用提升了他的群体素基值，进而才有了"拒绝逃走并饮毒酒赴死"的行为，另一方面，他对判决的认同度是不认同级的，正是这一因素激发他的捍卫欲，使他进行了无罪辩护并反对这项判决，不过，这个不认同度没能阻止他对判决的服从。

从本质上看，认同度是个体对群体素源评判的结果，属于相关类环境素，它对群体素的影响属于素间影响的一种。无论是指令性遵从、认可性遵从或融入性遵从认同度对它们都有一定的影响，但都不是唯一因素，群体素的素力还受到素外因素、素间因素等多方面的影响。例如，"某人对某项法律规定并不认同，但他还是遵守执行了"，"某人对某种风俗很反感，但他还是入乡随俗了"等等。

四、群体素子素的素序

群体素子素没有明确的先天素序，但却有明显的社会素序，例如，在中国，人们认可国家利益高于家庭利益，这就是社会群体素序。不少群体以群规则形式制定了群体素尺度用以规范群体素序，例如，许多国家规定"集体利益要服从于国家利益、个人利益要服从于集体利益"，但也有国家规定"个人利益高于一切"。

五、群体素族的素份

（一）血缘群体素

血缘群体素是个体从属于血缘群体而形成的群体素。由于素源的原因，血缘群体素相对稳定，但血缘群体多为类群，所以血缘群体素的强制性通常并不强。常见的血缘群体素包括家庭遵从、家族遵从等。形成家庭群体素的直接因素是家规、家训、宗法、家教、家庭传统、家庭认可等，家庭群体素同样包含指令性群体素、认可性群体素和融入性群体素。中国儒家的《孝经》就是宣扬家庭遵从的理论，只不过它过于片面甚至走向极端，许多观点已不为现代人所认可。现实中人们常说的"某某家的家教比较好"，就是说其家庭成员的群体素力比较高，遵从意识比较强，再例如，我们说"某某家的孩子很懂事"，就是说该家子女的家庭认可性遵从比较强。

（二）职业群体素

职业群体素是个体从属于职业群体而产生的群体素。职业群体种类众多，各群体的群规则差异较大，所以职业群体素的差异也非常明显。职业群体基本上都是真群，群要素明确，因此职业群体素往往有较强的素力。例如，我们常说"军人的纪律观念比较强"，就是说军人的群体素力高，遵从意识强。再例如，我们说

"某某单位职工素质比较高",往往也是指其职工的遵从意识比较强。

协作遵从:协作遵从是职业遵从的特殊形式,是指与特定行为相关的个体,为保证行为的协调顺利,由协议形成的有时间和范围限定的遵从。协作遵从有明确的目的、时限和规则范围,是个体为保证行为成功而产生的局限性遵从,是对临时职业规范的遵从。协作遵从的素源是协议、协定、合同、承诺等协作规则。例如,人们对与己有关的协议、合约、合同的遵从等,都属于协作遵从。人们习惯地把某个体一贯的协作遵从度叫诚信。当然,当协作性遵从被更大的群体以群规则形式认可并强制执行时,它便成为指令性遵从。例如,当国家出台《合同法》并强制执行时,个体间的协议就成了指令,遵从也变成了指令性遵从,但其遵从细节内容仍属于协作性遵从。

(三) 区域群体素

区域群体素是个体从属于区域群体而形成的群体素。区域群体以国家、地区为代表,一般都具有完整稳定的群要素和较强的群规则强制性,对大多数个体来讲区域群体素是群体素的重要组成部分。在国家群体素中,法律观念是其重要组成部分,它属于指令性群体素,而"爱国情怀"则属于认可性群体素,它来自于对国家的认知和认可,往往能促发自觉的为国行为;对传统、风俗、习惯的遵从则属于融入性群体素。

(四) 认知群体素

认知群体素是个体从属于认知群体的结果。认知群体大多有明确、系统的认知核心,所以认知群体素的认可性遵从一般比较强。例如,党派、宗教等,它们通常都有完整系统的理论体系作为认知核心,群成员对认知核心都具有高度的认可,并由此形成较高的认可性遵从。

第三节　环境素族

环境素是人类"三素"之一,是环境信息经人的心理活动加工形成的认知心理产品,又叫记忆产品,是人类行为的环境指引。荀子说:"所以知之在人者谓之知,知有所合谓之智"(《正名》),如果用《心理产品学》的观点解释,这句话应该是"知识被人掌握了才是认知心理产品,认知心理产品应用于相应的行为才是智慧。"

环境素族包括环境素所有的素份,其中一级素是环境素,二级素有自然类环境素、社会类环境素、人文类环境素和相关类环境素,三级和四级素包括其下更多更具体的内容,对全人类来讲,环境素是三素中内容最丰富、最具扩展性的素,但对个体来讲，个体的环境素只可能是其中的一部分。

环境素族结构表

一级素	二级素	三级素	四级素
环境素	自然类环境素	天文认知、地理认知等	具体认知
	社会类环境素	法律认知、经济认知等	具体认知
	人文类环境素	历史认知、文学认知等	具体认知
	相关类环境素	事物、行为相关认知等	具体认知

一、环境素的特征

环境素的特征有三个方面，一是环境素内容的丰富性和扩展性，二是环境素的选择性，三是环境素的行为效应。

（一）环境素的丰富性和扩展性

环境素内容的丰富性是由环境素源的多样性和复杂性决定的，环境素源自身的浩瀚宽广、人类对环境的探索不止是导致环境素丰富性的基础。

随着人类社会的发展，环境素内容的多样性和复杂性日益增加，人类不仅能认识环境素源的表象，还能对表象背后的规律和本质进行探究，同时，人类还能对环境素源进行重组和创造，人类社会自身的存在和发展也是自然界原本所没有的，更重要的是人类的思维活动几乎是没有边界的。例如，我们对日月星辰表象的认识和对其背后规律的探究形成了我们天体学认知，人类制造出了飞机、汽车，促使我们形成了有关飞机、汽车的认知，通过对人类历史的回顾形成了我们的历史认知，人类的推测、幻想又不断创造着新的设定性认知。

人类环境素形成的过程没有终点，只会不断延伸，这就是环境素的扩展性。当然随着环境的变化、人类的发展，环境素的某些内容也会减少或丢失。例如，古代的东西现在没有了，我们对它们的认知也没有了，相应的环境素也丢失了，过去的事情被时间淹没了，环境素也就丢失了，个体把某些记忆忘掉了，相应的环境素也就没有了。

环境素的扩展性除了环境素的新增外，还包括环境素的完善与修正，环境素的完善是指随着认识的深入、环境的变化，原有的环境素被补充增加的过程；环境素的修正是指原有环境素与实际不相符或与人们要求不符的内容被修改的过程。例如，原来人们认为"重的物体比轻的物体下落的快"，后来发现这条认知与实际不符，于是这条环境素被修正为"物体下落的速度与重量无关"。

环境素的素宽：素宽是衡量某素份内容多少的概念。对整个人类来讲，环境素的素宽在不断扩展。对个体来说，环境素的素宽值越大表示其撑握的环境素认知越丰富，俗称越"博学"。

站在全人类的高度，群体生活方式和社会教育手段是保存、传递和丰富环境素的重要手段，它使人类的环境素得以延续、发展和传承，为人类文明作出了不可磨灭的贡献。

环境素的素深：素深是表示素份精细、深入程度的概念。对人类来讲，某素份的素深值越大，表示在该领域的认知越系统越深入。对个体来讲，某素份的素深值越高，表示在该领域的认知越深入越精细，俗称越"专业"。

（二）环境素的选择性

环境素的选择性客观上是由环境素源的丰富性造成的，主体方面是由于个体能力的有限性和本体素欲望驱使的结果，其本质是有限的人类能力面对无限的环境素源能动取舍的特性。也就是说，环境素的选择性一方面是人类的主动行为，这一点与群体素不同，群体素的形成从本质上讲是被动的，是不得不形成的，而环境素则是人类主动认知环境的结果，这使环境素的选择性有了主体能动的基础，另一方面环境素源的丰富性又造就了环境素选择性的客体基础，于是环境素的选择性成为了必然。

环境素的选择性遵循"需求优先"的原则，所谓"需求"是指能满足本体素欲望和群体素遵从的需要。从本质上看，环境素的选择性是本体素需求和群体素遵从作用于环境的结果。本体素欲望促使人们去学习、实践相应的环境素源，群体素遵从迫使人们去学习、实践相应的环境素源，从而形成与之相关的环境素。例如，商人为了满足物质欲望进行商业活动，就对商业类环境素源进行学习或实践，从而形成和丰富商业类环境素，同时企业（群体）也会以群规则的形式要求员工学习或实践商业类环境素源，同样也会形成和强化商业类环境素。军人为了满足生命欲或认可欲（当然也会有其它素份欲望）需求会自觉学习和实践军事类素源，军队也会以群规则的形式要求其成员学习和实践相应素源，这些都是环境素选择性的现实表达。人们平时讲的"干一行学一行"就是这个道理。

环境素的选择性是人类发展的需要，也是环境素源的丰富性所决定的，是人类能动性的表现之一。环境素的选择性也从另一个侧面阐释了人类基本生存方式——"群体"存在的必需性和必然性，指明了人类合作共进的重要性。

环境素的选择性也会带来风险性，这些内容我们将在《人类行为尺度》章节讲述。

（三）环境素的行为效应

环境素的行为效应是指环境素对行为的影响作用，是环境素力的重要内容，它主要表现为以下三个方面。

1、环境素的铺垫作用：环境素的铺垫作用是指环境素为人类行为提供可能、给予方法的作用。例如，天体运行方面的认知、物理力学方面的认知、机械制造方面的认知为人类的航天行为提供了可能，给予了方法。

2、环境素的引导作用：环境素的引导作用是指环境素认知为人类的行为除去迷茫、指明方向的作用。例如，人类很早就有飞行的梦想，但一直没有正确的努力方向，更没有有效的办法，直到十九世纪末，现代飞行理论的出现，终于为人类的飞行梦想指明了方向、开辟了道路，才有了1903年莱特兄弟真正意义上的人类飞行。再例如，人类哲学的发展为人类的社会制度和社会发展指明了方向，推动和引导人类的社会制度逐步向前发展。环境素的引导作用与铺垫作用存在着密切的联系，引导作用是方向的指引，铺垫作用是实际的支持，正如图纸和具体材料、施工方法一样，一个是方向引领，一个是实际支撑。

环境素的引导作用为人类行为赋予了方向，给予了指引，让人类能在发展的道路上看到光明、看到希望。

3、环境素的助力作用：环境素的助力作用是指环境素作用于行为之后，使行为变的更容易、更便捷、更能成功的特性，我们平时讲的"科学技术就是生产力"就是对环境素助力作用的强调。环境素助力作用的支点在行为方法和行为力的转化利用上，而素间作用的支点在行为动因上。例如，有了相关的数学认知，人们测算球的体积更容易、更快捷、更准确了。有了行星运行方面的认知，人们对日食、月食现象的预测更精确、更迅速了。环境素的助力作用还表现在人能制造工具、增强人类因素力方面。从行为力的角度看，环境素的助力作用一方面提升了素动力，另一方面提升了人类因素力。

环境素的助力作用是有条件的，首先，环境素必须应用于它所适用的行为之中，这与其靶向性一脉相承，其次，环境素必须是正确的，与实际相符的，错误的环境素不仅不会有助力作用还会产生阻碍作用。

【点津】对于环境素来说，素宽者博学，博学者能给行为以更多的铺垫，素深者专业，专业者能给行为以更精的引导。

（四）环境素的靶向性

环境素的靶向性是指环境素的行为效应具有专一性、对应性的特性。从大的方面讲，自然类环境素只对自然类行为具有行为效应，社会类环境素只对社会类行为具有行为效应，人文类环境素只对人文类行为具有行为效应，从小的方面讲各专业的认知只能对本专业具有行为效应。例如，"计算圆面积的公式"只能用于测算圆的面积，用于椭圆就不行；修理汽车的技术用于修理飞机就没有引导和助力作用，通俗地讲就是"木工技术打铁不行，打铁技术做木工也不行"。进一步来讲，拥有某方面环境素和相应能力的人，才是该行为的最佳行为主体。苏格拉底曾说过：管理者不是那些握有权柄、以势欺人的人，不是那些由民众选举的人，而应该是那些懂得怎样管理的人。墨子说："尚贤者，政之本也"（《墨子-尚贤》）。

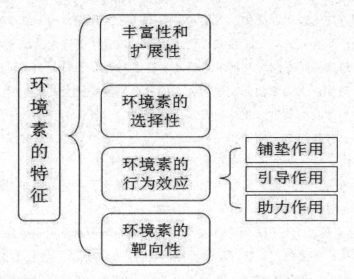

环境素的靶向性是人们希望"外行不干预内行"的重要原因，也是"选贤任能"制度的理论依据。

环境素的靶向性是人类进行行为干预的重要理论依据之一，是促进行为成功、提高行为效率的重要方法指引。现实中正反两方面的例子都有，例如，韩信的"背水一战"大获成功，而《三国演义》中"马谡失街亭"却惨遭失败，二者都在应用"置于死地而后生"的兵家理论，结果却大相径庭，就是因为前者应用到了适合的行为过程之中，而后者却用在了不适合的行为之内。

当然，人类能够发挥主体能动性将某些环境素的共性部分提取整理，用以指导类似的众多行为，而不是单一行为，从而形成"举一反三"、"融会贯通"的能力，这与环境素的靶向性并不矛盾。

二、环境素的认同度

环境素的认同度是指人们对环境素所述内容正确性、准确性、真实性的认同程度，是人们对环境素自我怀疑、自我判定的结果。

我们将某一环境素的认同度由高至低分为五级，一级是认同，二级是趋向认同，三级是不确定认同，四级趋向不认同，五级是不认同。例如，"地球是球形的"的这一认知，现在我们对这一个环境素的认知是一级，是认同的、相信的。再例如，"人类是上帝创造的"这一环境素，我对它的认同度是四级，是趋向不认同的。环境素的认同度分类同样可用于对环境素源的认同度分类。

环境素（源）的认同度分级

一级	二级	三级	四级	五级
认同	趋向认同	不确定认同	趋向不认同	不认同

累加趋真现象：个体对自己的环境素都有一定的认同度，这个认同度不是一成不变的，其中素及素源的性质、发展、评判标定等对环境素的认同度都有直接影响，这是容易理解的。但在影响环境素认同度的因素中，反复相同的外界刺激也会使环境素的认同度上升，我们把反复相同的外界刺激使环境素认同度改变的现象叫累加趋真现象。累加趋真现象也是"众口铄金"，"三人成虎"，"谎言百遍会成真"等现象的心理基础。累加趋真现象是应该引起人们重视的现象，其结果只是人们的认同度改变了，并不代表环境素真的符合实际了，这往往会给人们的行为造成错误引导。例如，"虚假广告"、"妖言惑众"等都是利用环境素的这一特性来达到非正当目的的。

累加趋真现象的心理基础是人类求同欲作用下的本能尺度，当某一认知缺乏确切的认知支持时，也就是无法被确切证实为真时，人们就会利用本能尺度给予评定，而多数人的意见和说法在本体素求同欲的作用下就充当了这一重任，虽然这样的评定有了"大家都这么说"的依据，但其终究缺少事实和认知支撑，其正确性确是未知。这种无奈的选择也是日常生活中"少数服从多数"处事方法的心理依据，这种方法至少顾及了平等欲、认可欲、求同欲的需求，也为无法选择提供了一种选择方法，但却与真实性基本无关。

【史证故事】"耿弇佯攻巨里城"（累加趋真现象）

公元29年，耿弇受光武帝刘秀之命去征讨东部割据势力张步，耿弇首先要消灭的敌人是张步的部将费邑，费邑用兵谨慎，凭借历下城池坚守不出，耿弇无奈用出一计，他一方面设下伏击圈，一方面散布消息说要攻打巨里城（当时费邑之弟费敢镇守巨里），刚开始费邑坚信耿弇去攻打巨里城不是真的，只是诱敌之计，但后来逃回的俘虏说是真的，再后来卧底奸细也说是真，费邑的思想开始动摇，最后，其弟费敢也说耿弇攻打巨里是真的并请求支援，这时费邑就相信耿弇真的去攻打巨里了，于是率部出城前往巨里，结果途中遇伏战败自杀。这个例子中，刚开始费邑对"耿弇攻打巨里城"是不认同的，但后来反复相同的言论使他慢慢信以为真了。

三、环境素的特征分类

按照环境素信息的特征可将其分为记录性认知、解读性认知和体验认知三类。环境素又叫记忆产品，所以这三类产品又可叫记录性记忆产品，解读性记忆产品和体验记忆产品。

（一）记录性认知

记录性认知是记录描述环境的心理产品，它们是人类感官信息经大脑心理机能加工形成的心理产品。

记录性认知描述的是环境信息的原貌，也就是说我们看到、听到、嗅到、触到、尝到的是什么样，记录下来的就是什么样。例如，雪是白色的，水是无形的，大象有四条腿，人体由头、颈、躯干、四肢组成，火是热的，醋是酸的、棉花是软的等等。

记录性认知也包括事物的变化过程、自然现象、行为技能等内容，例如，季节更替规律、植物生长规律、人类行为过程、各类技能程序等内容，这些记录信息也是对环境的反映。

记录性认知也会与环境实际存在偏差，失去对环境记录的准确性，这便是认知失真，其中感官局限性、大脑功能差异是造成记录失真的重要因素。

可见记录性认知包括了我们平时讲的情景类记忆、程序性记忆等内容。

（二）解读性认知

解读性认知是人类对环境信息主观加工、归纳、归类、赋予所形成的、带有主观意愿的心理产品。例如，人的名字，动物的名称和分类，文学作品的内容，历史推测，文字及字义，数字，数学公式等。

解读性认知也包括人类对自身基本感觉定义和归类，例如，什么样的感觉是痛，什么样的感觉是痒，什么味道是香，什么气味是臭等等。

解读性认知是人类主观意志与客观信息结合的结果，它可以是对环境溶藏信息的主观解读，也可以是基于环境信息基础上的主观臆造。解读性认知是人类智慧的重要体现。

（三）体验认知

体验认知是大脑对自身心理活动体验信息加工而成的认知心理产品。例如，自我情绪、感情等。它是人脑对自身体验信息加工和储存的结果，正因为体验认知的存在才使人类有了丰富的情感和精神世界，才使人类能够对自身情感和精神世界有所认识有所了解。例如，"爱"是大脑在爱欲受到同向相干因素作用或得到满足时的体验，这些信息环境中原本没有，它是大脑对自身心理活动的察知信息，人类对这类信息加工储存后就成了体验信息；同样，思念，同情等认知也是体验认知；情绪认知也是体验认知，例如，人们对自身紧张、兴奋、激动等情绪认知也是体验认知。

表面上看，体验认知和记录性认知很相似，都是对某种活动变化的记录，但它们却有着本质的区别，因为体验认知不是对心理活动信息本身的记录，而是大脑对自身心理活动反应信息的记录，它来自大脑内部，不需要经过感官和神经的传递，人们虽然能认识它，却很难弄清它的真实面目。

体验认知与感觉解读性认知的区别在于，体验认知是对大脑体验信息加工储存的结果，而感觉解读性认知是大脑对普通感觉信息解读、赋予、定义的结果。

体验认知的主要内容是人类的情绪认知产品、情感认知产品等。

四、环境素的验证分类

环境素是人类描述、解读环境的心理产品，人们总想让自己的环境素更准确、更符合实际，但缘于认知过程和认知能力的限制，许多环境素人类无法确定其准确性和实际符合状态，于是，环境素又被分为验定性认知和设定性认知两大类。

（一）验定性认知

验定性认知也叫验定性环境素是能够被实践检验、与环境实际相一致的心理产品。例如，"水向低处流"、"地球绕着太阳转"、"大熊猫是黑白两色的"等都是经过人类验证、证明、有实证支持的环境素，它们都属于验定性认知，验定性认知通常具有较高的认同度，它的素力通常是强的。当然，由于验定方法的局限性和发展性，经过验证的环境素也不一定都是真的（认知失真），当已验证的环境素被否定后，它的认同度也会随之改变。

（二）设定性认知

设定性认知又叫设定性环境素是指没有或无法取得实践、实证支持，或者本身就是推测假设的环境素。例如："历史事件的假设还原"、"文学作品中的虚构人物事件"、"宇宙发展的推测"、"道听途说的故事"等都是设定性认知，设定性认知的认同度一般要低于验定性认知。设定性环境素一经验证便成为验定性环境素，其认同度也会随之提升。例如："存在外星人"是设定性认知，我们对此持怀疑态度，如果有一天我们真正发现了外星人，那么"存在外星人"就成了验定性认知，它的认同度也就提升了。设定性认知也是神学、科幻存在的基础，只不过神学似乎永远无法得到验证，科幻却很有可能成为现实。

验定性认识是设定性认知的基础，设定性认知往往是验定性认知的探索阶段，二者可以相互转化，转化的条件就是验证、实践和证明。

五、环境素子素的素序

环境素是人类对环境的后天认知，其子素没有先天素序。但在一定群体一定阶段存在社会素序。例如：在古代中国相当长时间内，人文类环境素一直居于环境素的首位，人们一直认为书本知识才是最有用、最有力的，所以才有了"万般皆下品，唯有读书高"的认知，当然这里的"读书"也并非指所有书籍知识及其所形成的认知，而多指儒家经典。

群体素的群合知、群离知作用和本体素的回诱、回抑作用都对环境素的素序有较大的影响。例如：当群体素内容中有促进经济行为的素份时，与经济相关的环境素素力也会提升，并可改变环境素子素的素序进而影响人们的行为取向。

六、环境素族的素份

环境素族的一级素是环境素，二级素包括自然类环境素、社会类环境素、人文类环境素和相关类环境素。三级四级素内容更多更具体。当然《心理产品学》中环境素的素份是依据环境素的素源以及它所描述的内容而区分的，各类别之间也存在交错融合、互为包含的现象。

（一）自然类环境素

自然类环境素是人们对自然环境认知的结果，它包括一切自然科学如数学、物理学、化学、天文学、地理学、生物学等方面的认知，也包括个体所接触到的一切自然事物、自然事件、自然现象所形成的认知，还包括对自然环境非科学、或不能确定科学性的认知。例如：关于人类的起源，人们可以形成进化论的认知，也可以形成上帝造人的认知，这些都是自然类环境素，它们都能给人们的自然相关类行为以不同的铺垫、引导和助力作用。

（二）社会类环境素

社会类环境素是人们对人类社会及其活动、规律认知的结果。它涵盖经济学、政治学、行政学、军事学、法学、犯罪学、伦理学、社会学、教育学、管理学、公共关系学、新闻传播学、人类学、民族学、民俗学等内容所形成的认知，也包括社会经验、社会现象、社会活动所形成的认知。社会类环境素是人们认识和改造人类社会的有力武器，也是人类社会活动的重要支配因素。

（三）人文类环境素

人文类环境素是人们对人文类环境素源认知的结果。它包括人们对语言学、文学、历史学、哲学、宗教学、神学、考古学、艺术等内容和经验所形成的认知。是人文类行为的重要支配因素。

（四）相关类环境素

相关类环境素是个体或群体围绕某一主题，在综合、整理相关信息基础上形成的心理产品。这个主题可以是事物、行为或事件。例如，我们对某人的评价就是相关类环境素，是我们围绕该个体将与之相关的信息综合加工形成的认知。相关类环境素通常是综合性环境素，它可以包含与围绕主题相关的所有认知，也就是说它可以是自然类环境素、也可以是社会类环境素、也可以是人文类环境素、或者是它们的抽组、加工或揉合。

相关类环境素是人类心理能动性的重要表现，也是人类创造力的重要彰显，是综合局部信息得出的整体信息，是根据已知得出的未知（甚至是根据未知推断的未知），是根据表象认知推断的本质认知，是对某一主题的原由、进展、正确性、可行性、定义性等方面的预判设定，是逻辑能力运用的结果，它体现了人类认识环境、探索环境的突出能力和非凡手段。例如，一只羊死了，我们会对其外形、所处地点、所吃食物等进行综合分析，得出它是摔死、或是病死等结论，这个结论就是相关类环境素。再例如，牛顿根据苹果落地的现象发现了万有引力的存在，就是从表象到本质的认知升华。

相关类环境素的形成过程是形成复合认知甚至是新认知的过程，是一种特殊的思维行为，它可以是归纳法，也可以是演绎法，或者是二者的协作与揉合。它的心理基础仍是大脑的增值机能，

相关类环境素按主题对象的不同可分为事物相关类环境素、行为相关类环境素和事件相关类环境素。

1、事物（现象）相关类环境素

事物（现象）相关类环境素是针对某一事物或现象而形成的相关类环境素，是围绕某一事物或现象而进行的原由、发展、未来、正确性、可行性、定义性等方面的综合性、预判性认知的结果。例如，针对一头牛，人们能将与之有关的信息综合，形成有关这头牛的年龄、体重、健康情况、价格等相关认知。现象相关类环境素包括对气候、季节等现象综合分析形成的认知。

事物相关类环境素也包括对人、对自我认知的内容，在与自我相关的事件中，人类会根据与自我相关的因素进行综合加工形成有关的评定认知。

现象相关类环境素也包括对个体体验的综合性认知，例如，对某种情绪产生的原因、外在表达、演变过程等方面的认知。

2、行为相关类环境素

行为相关类环境素是针对某一行为而形成的相关类环境素，是围绕行为而进行的诸如动因、目的、实施方法、结果等方面的综合性、预判性认知。它是知引行为最主要的动因源泉。例如，某人去经商，它会根据已知信息对此次经商的目的、实施方法、结果等形成一个预判性认知。

行为相关类环境素也包括对已发生行为的回顾性总结，以及得出的行为内在本质、规律等内容。

3、事件相关类环境素

事件相关类环境素是围绕某事件，将与之相关的信息进行综合、整理、加工形成的环境素。例如，某地发生了滑坡，人们会根据与之相关的信息进行综合整理，形成诸如发生原因、损失程度、主要责任等方面的认知。

相关类环境素多是设定性认知，但经过验证后可成为验定性认知。

相关类环境素的素源涵盖与认知对象相关的、可利用的一切信息，但它所形成的仍是一个认知产品，仍然是对相关主题的记录、描述或解读，所以它仍是环境素。例如"善"的概念，就属于相关类环境素，它是围绕行为正性评定尺度，对正性评定相关的众多行为特征（如美好的、正确的、理智的）信息综合加工形成的概念性认知。再例如，在生活领域，商人经营商品，首先要对商品相关的质量、价格、进货途径、客户需求以及季节、相关法律规定等信息进行综合分析，形成"某段时间某地域从事某种商品经营可以盈利"的预判，这也是相关类环境素。

在科研领域，科学家们会把前人的成果、自己观察的情况、实验数据（环境素源）等信息进行综合加工得出某些结论性认知，这也是相关类环境素。

【延伸】梦的素析

①梦的本质——梦是特殊的思维行为

梦境是大脑在低效状态下（如睡眠、浅昏迷等状态）形成相关类环境素的特殊思维行为。梦之所以是特殊的思维行为，是因为大脑在低效状态下，许多行为被抑制、被迫停留在思维层面，复杂精准、多器官协调的行为往往无法实施，那些被抑制的行为主要包括大多语言行为、肢体行为、也包括一些需要全效增值机能参与的逻辑思绪行为等，所以梦境在能力上是受限的，是与清醒状态有区别的思绪行为。当然也有少数梦境会促发超出思维行为范畴的行为，如梦话、梦游等，这是少数相关类环境素素力过高达到语言行为或肢体行为阈值的结果，是正常大脑低效状态所不应有的现象，因此，人们多认为这种现象接近于疾病。

②梦的诱因

梦是一种行为，它的发生存在诱因，这些诱因同样可分为素外诱因或/和素诱因，常见的素外诱因有躯体因素、睡眠环境等，素外诱因引起的梦境通常包括饥饿寻食、找厕所、身体某部位被他人或动物伤害、听到特殊声音、落水寒冷等等；梦境的素诱因多数是基值骚动，准确地说是那些基值与思维行为阈值接近的素份的基值骚动，这些素份的基值骚动达到了思维阈值促发了思维行为，从而产生了梦境，这也是"昼有所思，夜有所梦"的原因所在，这些素份中常见的有占有欲、探索欲、生命欲、性欲、彰显欲、恋欲等，当然也包括家庭遵从、法律遵从等素份，所以在梦境中常有捡到钱、去未知可怕的地方、与不相干异性发生关系、梦见自己当了官、父母或家人逼迫自己干某事、违法犯罪被抓或逃跑、最近生活中发生的类似事情等等。梦境的诱因往往是梦境初始围绕的主题，接下来的梦境就是围绕这一主题展开的相关类环境素形成过程，但这一主题在梦境中常常会发生转移，所以梦境常常是怪异、离奇、散乱的。

③梦境的易忘性

梦是大脑机能在低效状态下形成相关类环境素的思维行为，所以它形成的环境素强度通常是很低的，加之记忆机能也处于低效状态，故而，产生的记忆痕迹通常是浅淡的，这是梦境易忘的主要原因。

④梦境的基于现实性与脱离现实性

梦是形成相关类环境素的思维行为，无论它是基于何种因素的相关，都离不开大脑中已有的心理产品成分，所以古代人的梦境不可能出现汽车、飞机等现在的具体事物，但大脑的增值机能具有根据已知推测未知的能力和特性，所以梦境中常会有一些从未发生过的事情、从未去过的地方、从未见过的东西，也会出现似曾相识但又不完全一样的场景，这些都是设定性相关类环境素的特点。

⑤梦境的跳跃性和跨时空性

梦境常常是不连续的、失逻辑的，刚刚是这一地方，不知怎么又是其它地方，一会是这个人不一会又成了其他人，这是因为相关类环境素的素源是众多的，这些信息本身可能没有确切的关联，但却被某一主题召集在一起，而大脑对其选择"入镜"常常是随机的，所以，没有确切关联的事物却可以闯入同一梦境视野，例如与美食这一主题的相关事物，我们见过的、想过的、听说过的食物都可供思维行为进行选择，所以梦中吃美食，刚吃是一种东西、一会可能又变成了另一种东西。

⑥梦境也会有奇迹

梦境是思维行为，是大脑机能在低效状态下的思维行为，这种情况下，心理信息的调取和运作、素间相互促进、相互制衡的关系也必将不同于清醒状态，所以，梦境中我们会做出平时不可能去做的事（例如：随意的性行为、杀人行为等），这是由于素间约束关系缺失或失调的原因，同样，梦境中也会出现平时会干的工作梦中却怎么也干不成，这是由于环境素缺失或失调的原因。不过，梦境这种打破清醒约束状态的相关类环境素形成行为，有时也会有意想不到的收获，例如，白天百思不解的问题却在梦境中找到了答案，这种情况尽管很少见但确实存在，这是因为，清醒状态下即便是思维行为也有太多的约束和羁绊：群体素约束着本体素，环境素引导着群体素，本体素又选择着环境素等等，这种相互制约又相互促进的复杂关系给人们的思维行为赋予了能力也赋予了限制，也使清醒状态的思维行为始终在某些方面无法突破。而梦境则不同，它常常会忽略某些约束、增加许多随机，不少神奇的效果就在这种情况下出现了。

（五）智商

我们把大脑形成环境素的能力叫智商。把形成相关类环境素的能力叫曲线智商。曲线智商高者把能把与事物、事件、行为相关的众多信息，系统、完整、有机地综合起来形成相关类环境素。我们把大脑形成非相关类环境素的能力叫直线智商，直线智商高者能把环境素源信息快速、准确、精细地吸收、储存、加工和植入人脑，形成环境素。例如，有的人能"过目不忘"，就是直线智商高的表现，而有的人能"举一反三"则是曲线智商高的表现。

智商的高低受先天因素影响，也与后天因素有关。

七、认知失真现象与失真认知

环境素是环境素源在人脑中的反映，是人类心理对环境信息加工的结果，理论上环境素应该与素源实际保持一致，但实际上环境素与环境实际之间往往有一定的距离，我们把环境素与素源实际一致的认知叫真认知，把环境素与素源实际不一致的认知叫失真认知。环境素与素源实际之间不一致的现象叫认知失真现象，失真认知是认知失真现象的结果，二者之间是因果关系。

（一）失真认知的种类

根据认知失真的程度我们将其区分为不全认知、偏差认知和错误认知。

1、不全认知

不全认知是对素源反映不全面、有遗漏的认知产品。例如，目前人类对地球的认知是不全面的，对其表面的认知相对全面清晰、而对其内部的认知却模糊欠缺。

2、偏差认知

偏差认知是指部分内容与实际不符或存在显著相对性的认知产品。例如，哥白尼的"日心说"，站在太阳系、概略地看它是正确的，但站在更广阔的宇宙空间、精细地看它还有不正确的地方。

3、错误认知

错误认知是指与素源实际完全不一致的认知产品。例如，古代人们认为"大地是方形的"，这一认知与实际完全不符。

（二）认知失真的原因

造成认知失真的原因是多方面的，但主要原因有以下三种：

1、环境素的形成规律以及人类认知能力的局限性是认知失真的重要原因。人类对环境的认知是一个由表及里、由浅至深、由局部到全面的渐进过程，这是环境素形成的必由规律，人们对暂时无法认知的事物往往会形成一个设定性认知，这个设定性认知与环境素源实际常常有一定的差距。例如，过去人们对人类是如何出现的认识不清（现在也不太清楚），于是就发挥主观能动性形成了多种关于人类起源的设定性认知，目前认为这些诸如"上帝造人""女娲造人"的认知是不正确的，与人类起源的实际有很大的差距。

2、本体素的失公性是造成认知失真的先天潜在因素。本体素失公性是由于本体素固有素向的存在，导致人们在看待事物或行为时不自觉发生偏差的特性。这种特性的存在使人们在认识事物和形成认知时不自觉地把自我因素参与进来，从而导致对事物或行为的认知发生偏差。例如，在无法有力证明地球围绕太阳转之前，人们更愿意想信"日月星辰都围绕地球转，地球是宇宙中心"的说法。

3、主观人为因素也是认知失真的原因之一。人类有强大的主体能动性，这种主体能动性很大一部分是围绕自我利益的，为了个体或群体利益人类常常会主观有意地修改、臆造一些认知。例如，为评定职称的学术造假现象，日常生活中的谎言骗人现象，不同政治团体对同一事物截然相反的描述认定现象等都是主观人为因素造成的认知失真。当然主观形成的失真认知在臆造者本体或初始阶段其认同度是不高的，但由于累加趋真现象的存在，这些认知也会逐渐漫延开来，最终影响人们的行为。

（三）失真认知对人类的影响

失真认知带来的影响主要体现在两个方面，一是在行为引导方面，会导致引导偏差，助力作用减弱、丧失、甚至反向；二是在尺度形成方面，会引起尺度误偏，造成人为的行为规范错误。

1、失真认知对行为的影响

环境素认知对行为具有引导作用，是人类行为的环境指引和方法给予，失真认知会使这种引导发生偏差，进而降低或丧失对行为的助力作用，甚至会产生阻碍作用。例如，过去人们认为"降雨"是上帝或神仙操控的，在这种认知的支撑下，干旱发生时，人们便会"向上天祈雨"、"向神仙求雨"，行为效果可想而知。

2、失真认知对认知尺度的影响

素学尺度中，认知尺度是人类认知的一部分，它对行为具有人为的约束和规范作用，当认知尺度与实际不适应、不相符或有悖于人类生存发展目标时，这种约束和规范作用便会阻碍人类的生存、发展和文明。我们把认知尺度与实际不适应、不相符或有悖于人类生存发展目标的现象叫尺度误偏。

尺度误偏的实质就是失真认知成为了尺度。例如，中世纪的欧洲，基督教认知占统治地位，凡是认为"上帝不存在的认知"都是邪恶的，凡是"不尊重三位一体的主"的言行都是错误的，现在看来，这些素源尺度和行为尺度都是错误的，它们都是由失真认知造成的。

失真认知成为尺度，必然导致行为的错误规范和约束，给人类的生存、发展和文明带来阻碍。

第六章 心理产品与躯体的关系

心理产品（素）是储存在人脑神经元内的心理信息成分，躯体是人的物质结构成分，二者同为人的重要组成部分，它们之间存在着密不可分的联系和相互影响的关系。

一、躯体是心理产品（素）形成的物质基础和承载

大脑是躯体的重要组成部分，是心理机能的拥有者，是心理产品的加工和形成者，也是心理产品储存和运作的场所。

大脑的物质成分和结构，尤其是大脑神经元的结构和四通八达的神经网络是心理产品形成、加工和发挥作用必不可少的物质支撑，同时，躯体也给心理产品的功能发挥提供了必备的物理、化学、能量、信息等环境。可以说没有大脑心理产品也就不可能存在。

二、躯体是素与素源之间的通道和桥梁

心理产品（素）在人脑中形成，但它不是凭空产生的，它是素源信息进入人脑，经心理机能加工而成的特殊信息成分，躯体是素源信息进入大脑的通道和桥梁。

1、本体素的素源是基因，遗传信息要通过躯体基因携带并传送给大脑。基因自身的完整性、突变性、表达的时段性都会影响素的形成、状态和表达。

2、群体素的素源是群体，群体的约束、规范信息要通过躯体的听觉、视觉等感官传递给大脑，经过大脑心理机能的加工形成群体素。听觉、视觉等感官的功能自然也会影响群体素的完整性和准确性。

3、环境素的素源是环境，环境信息同样要通过躯体的感觉器官、实践行为、进入大脑，进而形成环境素。感官因素会影响环境素形成的速度、程度和精度。

4、大脑是心理产品形成、储存、加工、运作的场所，也是躯体的一部分，大脑的结构、功能、生理环境、能量来源受制于躯体，这些因素也不可避免地影响到心理产品的形成、状态和表达。

三、心理产品和躯体在人类素控行为中各司其职

心理产品为人类行为提供动因、目的、方法等行为要素，是素控行为的支配者。例如，我们去吃饭这一行为，它的动因是我们的生存素生命欲望提供的，去吃什么，怎么去等内容是我们的环境素认知提供的。心理产品对素控行为的支配是全过程的，我们把心理产品（素）对行为发起、发展、完成等全过程的支配运作称为素对行为的启控，简称行为启控。

躯体器官是行为的执行者，是人类行为的效应器官，没有躯体器官的信息执行，行为就无法得以实施。例如，我们要去吃饭必须由运动器官实施具体操作，由手、口等器官协同完成吃饭动作。

可见，人类素控行为是躯体器官、心理产品各司其职、密切协同的结果。

四、躯体和素同源于人类的基因

人类个体秉承于父母的基因，其中一部分基因信息控制躯体的形成，我们称其为物质构架信息，另一部分信息控制心理产品（主要是本体素）的形成，我们称其为心理构架信息。

基因遗传信息控制躯体结构的表达，造就了人类个体身高、相貌、肤色等躯体特征，基因遗传信息也控制心理信息（主要是本体素）的表达，从而影响个体性格、智商等心理特征，有时二者之间有一定的伴随关联现象，这些内容后面还将讲述。

五、躯体自身也是素源

人类躯体既是本体素源，又是环境素源，作为本体素源，遗传信息通过躯体基因携带并传递给大脑形成本体素的先天成分。作为环境素源，人类将自身信息形成自我认知，躯体因此也成了环境素源的一部分。

六、躯体是影响心理产品形成、运动的重要因素

躯体的功能状态可以影响素的形成、素的状态和素的表达。

1、躯体是素与素源之间的通道桥梁，正常情况下，躯体感官将完整无误的信息输入大脑，激发相关素份，进而改变素力，变更素序，影响行为。对于环境素来说，如果大脑中无相关素份，则会形成新的素份，如果存在相关素份则会改变

素力和素的状态。例如，我们第一次见到雪时会形成雪的认知，再次见到雪时我们就能认出它，并能增强、完善对它的认知。

2、躯体功能异常，会影响素的形成、激发和表达。例如，盲人无法将物体形状信息传递入脑，也就无法形成物体形状的环境素；色盲者会将颜色信息错误地传送给大脑，结果会形成错误的环境素；精神病患者高级神经功能障碍导致素的运行或表达错乱，出现异常行为；高位截瘫患者外周神经功能障碍导致肢体无法完成素对行为的启控等等。

3、躯体感官有其局限性，其局限性对素的形成和运动也有影响，这些影响有时可以通过环境素认知或工具加以弥补。例如，人眼无法看清移动速度过快的物体，使人脑接收的信息与实际不符或无法接收到相关信息，进而使人们产生神秘感，这也是许多魔术利用的原理，如果我们有了这方面的认知，就能弥补这些不足，从而形成或激发相关素份，消除相应的困惑。

4、体外因素可以影响并改变躯体机能状态，进而影响素的正常运行，产生异常行为。例如，酒精（喝酒）可使人的神经系统处于紊乱状态，导致素不能正常运行，产生非正常行为。其它如吸毒、药物麻醉等因素都是通过改变躯体器官机能影响素的正常运行，进而影响相应行为。

5、躯体的生理、病理现象、特定部位刺激也会以素外因素的形式影响相关素份的素力，改变素的状态。如，性器官的成熟、性激素的分泌会使性欲素力升高，胃的排空、血糖下降会引起食欲素力增强，疼痛会使生命欲安全欲素力增强等等。

七、躯体器官结构、机能的先天差异也能对素产生影响

必须承认，在人类的不同个体之间无论是躯体外形、器官结构和功能，还是基因信息都存在着不同程度的差异，这些差异对素的形成、素的状态、素力强弱、素的表达都会产生一定的影响。其中遗传信息、大脑功能、感官功能、运动器官功能的差异是导致素差异的重要因素。

1、先天差异对本体素的影响

先天差异对本体素的影响主要表现在基础素值、素阈值、素序等方面。先天差异对本体素的影响与后天因素的影响常常很难区分开来，因为行为是素状态的外在表达，也是当前我们研究心理产品的最主要途径，然而受制于躯体成长过程的影响，人在出生时许多行为无法实施，等到躯体逐渐成熟行为可以实施时，群体素、环境素、其它相干因素也不可避免地参与了进来。但我们仍能从相同群体、相同环境的不同个体差异中发现些问题，例如，同一家庭同一学校上学的非同卵双胞胎其行为趋向存在差异，这说明先天因素对素产生了影响。

本体素差异导致的特征性行为趋向叫性格，因遗传因素影响素谱特征进而塑

造的特征性行为趋向叫先天性格，例如，同样都是强本势素势，但有的人爱财，而有的人善权。与先天性格关系密切的本体素份有生命欲（有人勇敢有人怯弱），彰显欲（有人外向有人内向），占有欲（有人大方有人自私），捍卫欲（有人好斗有人温和）等等，平均行为阈值的高低也会影响先天性格，平均行为阈值高的人性格迟缓、稳重，平均行为阈值低的人性格浮躁、干脆。当然性格也受群体素、环境素等后天因素的影响，后天因素导致性格的改变叫性格的后天塑变。

影响性格的因素

```
基因信息 ──→ 躯体器官功能

基因信息 ──→ 本体素基础素 ══→ 性格
              值、阈值等

后天因素 ┄┄→ 素间作用

───── 先天遗传因素
┄┄┄┄ 后天塑变因素
```

我们把本体素某素份基础素值与行为阈值之间的差值叫欲商，欲商越低，基础素值与行为阈值越接近，同样的刺激因素更容易促发相应行为，欲商越高，基础素值与行为阈值越远离，同样的刺激则更难促发相应行为。例如，同样的幽默信息有的人笑的前仰后合，有的人却无动于衷；再例如，同样的危险因素有的人迅速躲避，有的人则若无其事；欲商与先天因素有关，也受后天因素的影响。例如，有的人听到雷声就会躲藏，有的人则不躲藏，但经过训练或学习，改变相关认知这种情况也会发生改变。

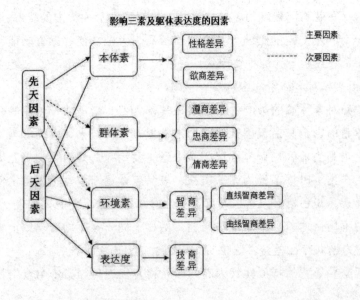

影响三素及躯体表达度的因素

—— 主要因素
┄┄ 次要因素

2、先天差异对群体素的影响

先天差异对群体素的影响在指令性遵从、认可性遵从和融入性遵从方面都有表达。由于群体素是后天形成的，所以先天因素的影响是间接的，与感官接收传送信息的能力、大脑的成素能力、素间影响（主要是本体素与群体素之间）都有密切关系。例如，幼儿园同班同龄儿童有的纪律遵守良好，有的纪律遵守不好，有的能与同学和谐相处，有的则矛盾较多等等，这其中既有躯体先天差异的因素也有后天影响因素，我们把个体某素份指令性群体素的基础素值称为遵商，遵商越高，越容易促发相应的遵从行为，对相应群规则的遵从越容易、越坚决，越彻底。有时人们将法律方面的遵商叫法律意识，将纪律方面的遵商称为纪律观念。

我们把某方面认可性遵从的基础素值概括地称为忠商，忠商越高越容易促发认可性遵从行为，忠商越低越难促发认可性遵从行为。忠商的现实词义是个体对遵从对象主动同向作为的能力。

我们把个体某素份融入性遵从的基础素值称为情商，情商的现实含义是人们协调处理个体间关系、融入群体的能力，情商越高，越容易促发融入群体行为，情商越低越难促发融入群体行为，同一个体不同群体素的素力是不一样的，所以一个人的情商也是分对象、分环境的，这也是一些人在某些场合如鱼得水，而在另一些场合处处碰壁的原因之一。无论是遵商、忠商还是情商都受先天因素影响，也与后天因素有密切相关。

3、先天差异对环境素的影响

躯体器官功能（主要是大脑）的先天差异对环境素的影响主要表现在对环境素源的选择、吸收、成素、行为启控等方面，在选择方面，有的人对某一方面环境素源特别敏感和趋向，这种现象俗称"爱好"，在吸收方面，同样的环境素源信息有的人吸收迅速，有的人吸收缓慢，我们将某个体在环境素某方面吸收迅速的现象俗称"擅长"，在成素方面，同样的环境素源同样的接触机率，有的人形成的环境素完整精细，有的人则粗糙疏浅。例如，同样的环境和知识结构，有的人对音乐有明显的天赋与爱好，有的人对数字能"过目不忘"，有的人能"一通百通"、"举一反三"等等。

我们把个体形成环境素的能力叫智商。把形成非相关类环境素的能力叫直线智商，直线智商高者能把环境信息快速、准确、精细地吸收、加工和植入大脑，形成环境素。我们把形成相关类环境素的能力叫曲线智商。曲线智商高者能把与行为、事件或事物相关的信息系统、完整、有机地综合起来形成相关类环境素。曲线智商是人类智慧的突出表现，是人类创造力的心理基础。智商的高低受先天因素影响，也与后天因素密不可分，"勤能补拙"、"笨鸟先飞"都是在说明这个问题。

八、"表达度"是躯体与素结合的行为见证

对人类来说，素是心理产品成分，躯体是物质结构成分，对行为来说，素是行为的启控者（发起和支配者），躯体是行为的实施者，素的内在本质要靠躯体的行为来表达。

我们把躯体对素的表达程度叫做躯体对素的表达度，简称表达度，又叫技商。表达度越高，素本质被躯体表达的越精细越准确，素与行为的一致性也越高；表达度越低，素本质被躯体表达的越粗糙越失真，素与行为的一致性也越低。就像演员的演技一样，演技越高剧本精神就被呈现的越完美，演技越低剧本精神就被呈现的越粗偏。现实生活中，人们常常用技能、办事能力等描述表达度。

表达度需要躯体通过具体行为来体现，所以有时也将其称为某行为的表达度，或某行为的躯体表达度，其实质都是指在某行为中躯体对素的表达程度。因此表达度往往与特定的某个行为或某类行为一一对应，也与特定的素本质一一对应，我们把表达度、行为、素之间一一对应的特性叫做表达度的专一性。例如，某人射击"百发百中"，说明该个体的射击行为具有较高的表达度，这个表达度与射击行为和射击认知（环境素）一一对应，与其它行为、其它认知基本无关。

从行为力的角度看，表达度属于躯体因素力，它对行为的实施、完成具有重要作用，有时甚至能影响行为的成败（目的的实现）。现实生活中，表达度越高，行为实施的越顺利，表达度越低，行为实施越不顺利。例如，我们平时说的"有知识，但讲不出来"就是环境素认知丰富，但躯体的语言表达跟不上，再例如，平时说的"眼高手低"就是说能想到看到，但手跟不上，做不出，这些都是表达度低的体现。

表达度与相关环境素的准确精细程度有关，与实施器官的功能有关，也与素和器官的协调配合有关，所以它可以通过实践锻炼得以提升。

【延伸】"六商"

"六商"是《心理产品学》中素、躯体、行为关联方面的六个概念，它包括欲商、遵商、忠商、情商、智商和技商，是我们理解素、躯体、行为间关系和作用的助力词汇。

欲商是指人们控制欲望表达为行为的能力。在《心理产品学》中它主要是指本体素某素份基础素值与行为阈值间的差值以及素间负相干作用的影响程度。某项欲商越高，则其在该方面控制欲望的能力就越强，越难发起相应欲望行为，某项欲商值越低，则其在该方面控制欲望的能力就越弱，越容易发起相应欲望行为。一般来说，在某方面容易冲动、发起行为的人就是这方面欲商值较低的人。

遵商是指人们对某类规则的遵从能力。在《心理产品学》中它是指个体某项

或某类指令性遵从的基础素值。遵商越高，个体对该类规则的遵从能力就越强，越容易发起遵从行为，遵商越低，个体对该类规则的遵守能力就越弱，越难发起遵从行为，例如，某人非常遵守交通规则，说明其交通法规的遵商很高。遵商常常被人们解读为法律意识、法纪观念等。

忠商是指人们对遵从对象（个体或群体）主动同向作为的能力。在《心理产品学》中是指个体对遵从对象的认可性遵从基础素值。忠商越高，忠诚度越高，越容易发起维护支持遵从对象的行为，忠商越低越难发起维护支持遵从对象的行为。例如，某人经常为单位建设出谋划策，说明他对单位的忠商很高，再例如，某人经常为国家义务工作、捐款捐物，说明他对国家的忠商很高，忠商也被人们称作忠诚度。

情商是人们协调处理个体间人际关系、融入群体的能力。在《心理产品学》中情商是指个体某类融入性遵从的基础素值。现实中，它主要表现为两方面的内容，一是对隐性群规则的遵从，二是对人类心理运动规律的遵从。某方面情商越高，越容易处理好相应群体的个体间关系，越容易融入该群体，情商越低越难融入该群体。同一个体在不同群体内的情商通常也是差别的，有的人在某类群体间情商很高，而在另外一些群体间情商并不高，这主要是由于不同群体的隐性群规则不同，不同群体群成员的高值素份也不同。当然，八面玲珑的人也有，但比较少。

智商是指人们认知事物、形成决策的能力。在《心理产品学》中智商是指人们形成环境素的能力。智商又分为直线智商和曲线智商，直线智商又叫直商，是指人们形成表象认知的能力；曲线智商又叫曲商，是指人们形成内部认知、逻辑归纳的能力；《心理产品学》中直商、曲商分别是个体形成非相关类环境素和相关类环境素的能力。直线智商高的人通常能过目不忘、过目成诵，曲线智商高的人通常能举一反三、触类旁通。

技商是指人们将认知表达为行为的能力。在《心理产品学》中技商是指躯体对素的表达度。技商高的人能用行为将头脑中的想法表达的淋漓尽致，技商低的人会在行为中将头脑中的想法表达的粗糙不堪。例如，技商高的演员能将剧本精神表演的惟妙惟肖，技商低的演员会将剧本演绎的面目全非。技商在日常生活是技能、演技、动手能力的同义词。

无论是欲商、遵商、忠商、情商、智商还是技商都与先天因素有关，更受后天因素影响，先天与后天的良好结合是塑造天才的绝对捷径。

九、素体伴联现象

素是人类的心理产品成分，躯体是人类的物质结构成分，每一个正常的人类个体都是二者有机的结合。在素与躯体之间存在着特定的素特征与特定的躯体特征相伴出现的现象，我们把这种现象叫做素体伴联现象。这些相伴的特征既包括躯体结构和功能特征也包括素谱状态和素表达特征。素体伴联现象分为同源伴联和后天伴联两种情况。

（一）同源伴联

同源伴联是由于某基因片段同时控制了躯体和素的某些特征，导致某些素特征与躯体特征相伴出现的现象，也就是由于信息同源的原因导致某些相貌、身体等特征与性格、行为趣向等特征相伴出现的现象，某些遗传性疾病也证明了同源伴联现象的存在，例如，"白化病"，不仅躯体色素明显异常，大多数个体智力也相对低下；再例如，双 Y 染色体综合症患者，常有身材高大、尺桡骨联合等躯体特征，同时还常有易怒、易攻击等性格特征。另外人们常说"聪明者发稀"，"心宽者体胖"也都在试图说明同源伴联现象的存在，当然这些说法尚未取得有力的证据。

（二）后天伴联

后天伴联是由于后天行为、素、环境等因素造成的某些素特征与躯体特征相伴出现的现象。

造成后天伴联的原因有两个方面，一方面素势影响人的行为取向，长期的行为定向反过来又会给躯体的形态、动作甚至是容貌等打上烙印，例如，长期的体力劳动会使个体的肌肉发达、骨骼健壮，长期的脑力劳动会使个体的头发稀少，长期的书写行为会使个体的颈部弯曲、视力变差等等，这其中也包括素状态变化诱发的情绪行为带来的影响，诸如高兴、悲痛、压抑等情绪行为会使躯体的心率、血压、激素水平等内环境发生改变，进而也会使躯体产生病理变化，甚至改变个体的相貌、举止等躯体特征，老子说的"深藏若虚，盛德若愚"也试图说明后天素体伴联的存在，另外，人们常说"慈祥面容"、"病态面容"等都是对后天素体伴联现象的表述。另一方面，长期从事某方面或某类工作（行为）也会使相关的素份基值、素序等发生改变，进而改变人的性格等素性特征，例如，军人多豪爽，幼师多温柔等等。

总之，素体伴联现象的形成既有先天因素，也有后天成分，它们既有固定性也有多变性。社会上流传的"面相学"、"手相学"似乎有一定的心理学依据，但缺少足够的证据，若以点代面、预测未来则与科学无关，因为行为的发展过程、人的生活轨迹受影响的因素太多。

十、素也可以引起躯体的变化

（一）素力达阈导致躯体产生素控行为

素达阈促发躯体行为是素控行为发生的过程，是素引起躯体变化的最常见、最显著、最重要的现象之一。

（二）素力、素状态的快速变化引起亚素行为

素力、素状态的快速变化引起亚素行为，亚素行为主要包括大脑自身的情绪行为和脑外器官的应激反应，例如，激动时血压上升、面色发红、瞳孔扩大，腺体分泌异常，压抑时食欲不振、精神萎靡等。

素力、素状态的变化引起情绪行为的心理基础是：大脑对素变化产生体验反应，而这种反应的表达就是情绪行为，它是大脑的基础机能行为，也是人类精神世界的主要内容。

应激反应的心理基础是：大脑自身对素力、素状态变化的反应影响了自身的基础机能，而这些基础机能变化又通过神经系统、内分泌系统影响了脑外器官的机能，进而建立起了这种间接的互动关系。例如，遇到危险时血压上升、心率加快、呼吸急促等，应激反应会使众多器官功能处于高效状态，有利于应对危险、躲避天敌；然而，应激反应也是众多心因性疾病发生的原因。

（三）心理产品可以通过行为间接影响躯体结构

某素份持续发起相同或类似行为，会导致相应器官的结构发生改变。这也是素体伴联现象产生的原因之一。例如，长期运动会导致相应肌纤维增粗；神经元之间反复的信息传递会导致突触结构发生改变。

素对躯体产生影响，可引起躯体的变化，反过来，躯体活动也会对素产生影响，在二者的相互影响中生命得以维持和继续、行为得以发生、实施和完成。

第七章　心理产品相互间的关系

本体素、群体素、环境素同为人类的心理产品，它们之间以及它们的不同素份之间不是相互孤立的，而是相互作用、互为影响的，这些影响主要表现为相互制约、相互促进、互动平衡的复杂关系。

一、三素素力间存在着"有长就有消，有消就有长"的共圆关系

对同一个体来讲，三素组成了素整体，它们在同一个体内，由于大脑机能、时间、环境等因素的限制，导致三素素力间出现了"有长就有消，有消就有长"的运动状态，我们称三素间存在的这种"有长就有消，有消就有长"的现象为共圆现象。当然，共圆现象不是两者间的"共圆"，而是三者间的"共圆"，所以我们不用"此消彼长"来描述它，以免引起误解。通俗地说，某个体如果欲望增强了，那么他的遵从或（和）认知就会有减弱的成分，如果他的遵从增强了，那么他的欲望或（和）认知就会有减弱的成分，同样如果他的认知增强了，那么他的欲望或（和）遵从就会有减弱成分，反之亦然，总之，在三素之间有增强就有减弱。

二、三素间存在着相互制约、相互促进的动态影响

三素的素向是不同的，本体素的素向是指向本体欲望满足的，群体素的素向是指向群体目的达成的，环境素素向是指向环境存在规律的。从素向特点上看，本体素是分散的，自主的，群体素是统一的、约束的，环境素是广阔的、杂乱的，这使它们在同一个体内存在着既制约又促进的关系。

从三素的内容上看，它们之间也存在相互关联或相互冲突的地方。

（一）素冲突

素冲突是指不同素份在内容、指向方面相矛盾的现象，是素间作用产生的原因之一，是素间制约关系产生的基础。素冲突表现为三素间的冲突和族内冲突两大类。

1、三素间的冲突

三素间的冲突是指三素之间某些素份内容、目的、方向、效果相矛盾的现象。

（1）本体素与群体素间的冲突

本体素与群体素间的冲突主要体现在三个方面，一是素向的冲突，通常情况下本体素是指向各自本体的，而群体素是指向群体而非个体的，其效果是，本体素的指向是分散的，群体素的指向是统一的，这就造成了素间的冲突。二是本体素的抗约束性与群体素的约束性的冲突，本体素中自由欲、平等欲、彰显欲、探索欲等都具有显著的抗约束性，而群体性具有约束性，这也从本质上造成了二者的矛盾性和冲突性。简单地说，在同一个体或群体内，本体素要求"需要什么就干什么"，而群体素要求"让你干什么你就干什么"。三是有的群体素内容与本体素内容直接相对，例如，群体素中"禁止侵占他人利益"的内容就与本体素占有欲望直接冲突，群体素中"遵规守纪"的内容就与自由欲直接冲突。

（2）本体素与环境素间的冲突

本体素也常常与环境素发生冲突，这主要是由于本体素自身是有动因和目的的，而环境素往往是客观的，它的指向是环境规律方向，不会因人类主观的动因目的而改变。例如，人们希望"长生不老"，但认知给出的答案却是生命有限。另外，某些社会类环境素内容直指本体素的反方向，例如，在古代中国和欧洲都有禁欲、灭欲的认知，这些认知与人类的本体素直接对立。

（3）群体素与环境素间的冲突

群体素体现群体意志，表达群体目的，而环境素是客观的，群体素目的与环境素指向不一致也就再所难免。例如，群体素要求"到河对岸去"，可河水太深太宽也无船，环境素告诉你"过不去"，这就是群体素与环境素的冲突。冲突的结果是群离知或者知离群，是素间作用的一个方面。

（4）素冲突的结果

素冲突的结果是冲突素的素力发生改变，其本质仍是素间相干因素的作用。但从连锁效应来看其促成了两种现象的形成，一是它为素势间"有消就有长，有长就有消"的共圆现象注入了动力给予了促进，二是冲突素之间形成相互制约的存在状态。

2、素冲突对行为的影响

能产生素冲突的素份，其素向所指是相互矛盾的，因此，同一素外相干因素有可能促发截然不同的两种甚至是多种行为，许多"举棋不定""进退两难"的行为状态都是素冲突造成的。素冲突给行为分析和行为预测增加了难度，但也给行为干预增加了机会。例如，某人在路上捡到了一个内有巨款的钱包，此时他的占有欲素力是上升的，而他"依法归还"的群体素力也是上升的，这就有可能促发两种截然不同的行为——"占为己有"或者"归还失主"，而我们正好可以利用这一特征，用适当的方法将行为规范至想要的方向。

3、素冲突对素运动的影响

素冲突是素运动的内在因素之一，一方面，由于素冲突的存在使素运动表现出相互制衡、相互牵制的运动现象，这不仅使个体的素势相对稳定，也在一定程度上减少了极端素势、极端行为的形成；另一方面，素冲突也是素序运动的动力之一，它在一定程度上推动了素序运动的发生。

（二）素促进

三素间以及它们的素份之间既存在冲突现象，也存在促进现象，它们都是造成素间作用的重要因素。素间的促进关系主要表现为"群助"、"回助"、"知诱"、"回诱"、"群合知"与"知合群"六种现象。

素促进的直接结果是导致双方（或多方）素力增强、素向坚定，这也是三合现象、三合行为、飙素现象、激情行为等特素现象与特素行为产生的重要原因。

素促进的间接结果是影响素势运动和素序运动，进而影响人们的行为。这些内容前面已经讲过，这里不再赘述。

无论是素冲突还是素促进其作用往往需要相关素份处于激发状态，也就是说这些复杂关系的表达是有条件的，其基本条件就是相关素份的激发状态。相关素份都不在激发状态时它们只是一种潜在可能，相关素份激发后这种潜在可能才会表现出上述种种现象。

三、同族素不同素份间的关系

同族素不同素份间也不是相互孤立的，而是交织关联的，同族不同素份间的关系主要包括内助关系、内阻关系和关联关系三类。

（一）内助关系

内助关系是指同族不同素份间内容或素向相同、相似的存在状态。当存在内助关系的素份被激发时，彼此间的素力会因为内助关系的存在而互助增强，这种因内助关系的存在而导致的同族内相关素份素力互助增强的现象叫素的内助。例如，领地欲和捍卫欲具有相似的素向，当领地被侵犯时，二者的素力都会因内助而表现的更强；再例如，保护自然环境和保护野生动植物具有相同的内容和相似的素向，当它们中的某一素份被激发时二者的素力都会增强。

（二）内阻关系

内阻关系是指同族不同素份间内容或素向相悖、相反的存在状态。内阻关系也叫族内冲突。当存在内阻关系的素份被激发时，彼此间的素力会因为内阻关系的存在而减弱，这种因内阻关系的存在而导致的同族内相关素份素力减弱的现象叫素的内阻。例如，占有欲主导的行为是财物的个体占有，而悯欲、爱欲主导的行为可能是财物的无私给予，控制欲的指向是对其他个体的控制支配，而平等欲的指向是相互间的平等；探索欲指向未知事物，而恋欲指向已知事物等；职业群体素可能要求你以单位利益为重，而血缘群体素可能要求以家庭利益为重；环境素对同一事件、事物、行为可能有两种甚至更多种不同的定论等等，这些都是内阻关系的具体表现。

族内素份间的内阻关系是普遍存在的，当内阻素份处于基础素值时它们可以独立存在，和谐共处，当某一方处于激发状态时则会引起相关方素力的变化，这是素间影响造成素力变化的一种形式。此时，对行为来讲素序就是行为促发的遵循。例如，某个体的家庭成员违法了，是隐瞒袒护，还是依法举报就要看其群体素的素序了。

【延伸】同族不同性质素份之间的内阻关系

同族素内除了素份内容的区别外还有性质的区别，例如本体素有物质欲望和精神欲望，群体素有指令性遵从、认可性遵从和融入性遵从，环境素有记录性认知、解读性认知和体验认知，也有验定性认知和设定性认知，这些不同性质的素之间有时也会发生冲突，其中比较常见的是群体素族内不同性质素之间的冲突，例如，国家的存在会使人们形成指令性遵从、认可性遵从和融入性遵从，这些遵从之间有时会产生矛盾，我们曾提到的"将在外君令有所不受"讲的就是指令性遵从和认可性遵从矛盾时的处理办法，一切按照上级的命令指示和法律规定行动是指令性遵从主导的行为，着眼国家行为的根本目的，实施超出指令规定的行为，是认可性遵从行为，二者发生矛盾的现象是常见的。另外指令性遵从和融入性遵从发生矛盾的情况也是常见的，许多"法不容情"、"执法犯法"的事例都是对指令性遵从和融入性遵从矛盾处理的写照。环境素族内验定性环境素与设定性环境素之间的冲突现象也并不少见，例如，我们常说"事情结果完全超出了我们的想象"就是说我们的设定性认知与验定性认知出现了矛盾并且相差甚远。本体素族内物质欲望与精神欲望冲突的现象也时有发生，在此不做举例。

（三）关联关系

关联关系是指同族不同素份间，虽然在内容和素向上没有明确的相同、相近、相反、相悖关系存在，但由于心理或生理过程的原因导致它们间存在互为因果、相互影响的存在状态。关联关系也是探讨素间关系的重要着眼点之一。例如，占有欲、认可欲与释欲不存在明确的内助或内阻关系，但它们被激发且素力快速变化时却会引起释欲素力的改变；再例如，占有欲、趋优欲与恋欲不存在明确的内助或内阻关系，但占有欲或趋优欲受到同向因素激发时，恋欲的素力往往也会上升，这种现象可能与本能尺度有关。

在本体素族内，释欲、爱欲、恋欲、舒适欲、自由欲等是与其它素份关联最多的素份。这是因为，对于释欲来说，素力的快速变化是诱发亚素行为的重要原因，而亚素行为中的情绪行为又是释欲激发的重要因素；对于爱欲、恋欲来说，正标评定往往是它们的同向相干因素，通俗地讲"好的、优秀的事物人们才会爱、才会恋"，在本能尺度作用下趋优欲、占有欲、控制欲、领地欲等众多素份的同向刺激常常会产生正评效果；对于舒适欲来说，它的相干因素可以是积极情绪行为、也可以是优评的刺激因素，而引起这些行为或现象的素份又是众多的，例如，取得了某些成绩，认可欲得到满足会产生高兴等情绪行为，也会因此使舒适欲素力增强；自由欲是渴求行为自主、不受约束的欲望，无论当一种欲望主导的行为不能自主、受到约束时自由欲素力都会上升；另外，认可欲与彰显欲也存在关联关系，当认可欲得到满足时，彰显欲素力也会相应上升，并可促发彰显行为。总之，族内的关联关系也是十分复杂的，它们往往相互交织，互为因果，其结果也常常因人、因时、因事而异。

（四）素份平衡

本体素、群体素、环境素都包含众多的三级、四级素份，它们的存在也同样与人脑结构功能、人类环境适应、生存生活实践有密切关系，也就是说，它们的存在也有其合理性和必要性，它们之间也存在着相互影响、互相制约的动态平衡状态，我们把同族素内不同素份素力间，建立在相互影响、互相制约基础上的动态平衡状态称为素份平衡。素份平衡是内阻、内助、关联现象作用的结果。

素份平衡对人类行为的相对稳定状态乃至人类的生存、发展都具有重要影响。在本体素族内，生存素、繁衍素、存在素、情素的平衡状态促成了生存、发展、繁衍、精神、情感等人类社会要素的存在和丰富；在群体素族内，血缘群体素、区域群体素、职业群体素、认知群体素促成了人类社会结构和秩序的存在；同时，指令性遵从、认可性遵从、融入性遵从之间的平衡又使人类的生物能动性得以体现，使人类社会告别了机械和生硬；在环境素族内，自然类环境素、社会类环境素、人文类环境素间的平衡使人类在提高行为能力的同时拥有了方向，也为人类精神世界开辟了空间。

四、本体素的侧枝融合现象

在本体素的四级素份中，有时会出现兼具多素份特征的新素份，这种兼具多素份特征的低级素份叫融合素份。多素份特征在素份末端融合导致融合素份出现的现象叫侧枝融合现象。例如，当性欲和趋优欲融合时出现了性欲择优欲，当领地欲和捍卫欲融合时出现了领地捍卫欲，当爱欲和悯欲融合时产生了爱怜欲，等等。侧枝融合现象是素份间相互作用、相互影响的结果。